新一代人工智能2030全景科普丛书

智联未来

——从物联网到智联网

中国通信工业协会物联网应用分会　组织编写

科学技术文献出版社
SCIENTIFIC AND TECHNICAL DOCUMENTATION PRESS
·北京·

图书在版编目（CIP）数据

智联未来：从物联网到智联网 / 中国通信工业协会物联网应用分会组织编写. —北京：科学技术文献出版社，2021. 1
（新一代人工智能2030全景科普丛书 / 赵志耘总主编）
ISBN 978-7-5189-7644-7

Ⅰ.①智… Ⅱ.①中… Ⅲ.①互联网络—应用 ②智能技术—应用 Ⅳ.①TP393.4 ②TP18

中国版本图书馆 CIP 数据核字（2021）第 018743 号

智联未来——从物联网到智联网

策划编辑：丁芳宇　责任编辑：张　红　责任校对：张吲哚　责任出版：张志平

出 版 者　科学技术文献出版社
地　　址　北京市复兴路15号　邮编　100038
编 务 部　（010）58882938，58882087（传真）
发 行 部　（010）58882868，58882870（传真）
邮 购 部　（010）58882873
官方网址　www.stdp.com.cn
发 行 者　科学技术文献出版社发行　全国各地新华书店经销
印 刷 者　北京时尚印佳彩色印刷有限公司
版　　次　2021 年 1 月第 1 版　2021 年 1 月第 1 次印刷
开　　本　710 × 1000　1/16
字　　数　228千
印　　张　17.5
书　　号　ISBN 978-7-5189-7644-7
定　　价　68.00元

编写单位： 中国通信工业协会物联网应用分会

主　　编： 曲　晶　韩举科

副 主 编： 辛　刚　李跃龙　伊小萌　魏忠超

参编人员： 郭源生　崔文波　张　剑　王建辉
王　彬　齐　赛　何　礼　闫莉萍
吕　晶　程世平　袁　琳　胡泽锋
李洪玖　万　云　滕莉莉　李跃虎
杨　利　林　源　王　静　缪素碧
高建武　付　强　尹廷钧　王　成
王旭东　邢宁哲　曹　俐

总　序

人工智能是指利用计算机模拟、延伸和扩展人的智能的理论、方法、技术及应用系统。人工智能虽然是计算机科学的一个分支，但它的研究跨越计算机学、脑科学、神经生理学、认知科学、行为科学和数学，以及信息论、控制论和系统论等许多学科领域，具有高度交叉性。此外，人工智能又是一种基础性的技术，具有广泛渗透性。当前，以计算机视觉、机器学习、知识图谱、自然语言处理等为代表的人工智能技术已逐步应用到制造、金融、医疗、交通、安全、智慧城市等领域。未来随着技术不断迭代更新，人工智能应用场景将更为广泛，渗透到经济社会发展的方方面面。

人工智能的发展并非一帆风顺。自 1956 年在达特茅斯夏季人工智能研究会议上人工智能概念被首次提出以来，人工智能经历了 20 世纪 50—60 年代和 80 年代两次浪潮期，也经历过 70 年代和 90 年代两次沉寂期。近年来，随着数据爆发式的增长、计算能力的大幅提升及深度学习算法的发展和成熟，当前已经迎来了人工智能概念出现以来的第三个浪潮期。

人工智能是新一轮科技革命和产业变革的核心驱动力，将进一步释放历次科技革命和产业变革积蓄的巨大能量，并创造新的强大引擎，重构生产、分配、交换、消费等经济活动各环节，形成从宏观到微观各领域的智能化新需求，催生新技术、新产品、新产业、新业态、新模式。2018 年麦肯锡发布的研究报告显示，到 2030 年，人工智能新增经济规模将达 13 万亿美元，其对全球经济增长的贡献可与其他变革性技术如蒸汽机相媲美。近年来，世界主要发达国家已经把发展人工智能作为提升其国家竞争力、维护国家安全的重要战略，并进行针对性布局，力图在新一轮国际科技竞争中掌握主导权。

德国2012年发布十项未来高科技战略计划，以“智能工厂”为重心的工业4.0是其中的重要计划之一，包括人工智能、工业机器人、物联网、云计算、大数据、3D打印等在内的技术得到大力支持。英国2013年将“机器人技术及自治化系统”列入了“八项伟大的科技”计划，宣布要力争成为第四次工业革命的全球领导者。美国2016年10月发布《为人工智能的未来做好准备》《国家人工智能研究与发展战略规划》两份报告，将人工智能上升到国家战略高度，为国家资助的人工智能研究和发展划定策略，确定了美国在人工智能领域的七项长期战略。日本2017年制定了人工智能产业化路线图，计划分3个阶段推进利用人工智能技术，大幅提高制造业、物流、医疗和护理行业效率。法国2018年3月公布人工智能发展战略，拟从人才培养、数据开放、资金扶持及伦理建设等方面入手，将法国打造成在人工智能研发方面的世界一流强国。欧盟委员会2018年4月发布《欧盟人工智能》报告，制订了欧盟人工智能行动计划，提出增强技术与产业能力，为迎接社会经济变革做好准备，确立合适的伦理和法律框架三大目标。

党的十八大以来，习近平总书记把创新摆在国家发展全局的核心位置，高度重视人工智能发展，多次谈及人工智能重要性，为人工智能如何赋能新时代指明方向。2016年8月，国务院印发《“十三五”国家科技创新规划》，明确人工智能作为发展新一代信息技术的主要方向。2017年7月，国务院发布《新一代人工智能发展规划》，从基础研究、技术研发、应用推广、产业发展、基础设施体系建设等方面提出了六大重点任务，目标是到2030年使中国成为世界主要人工智能创新中心。截至2018年年底，全国超过20个省市发布了30余项人工智能的专项指导意见和扶持政策。

当前，我国人工智能正迎来史上最好的发展时期，技术创新日益活跃、产业规模逐步壮大、应用领域不断拓展。在技术研发方面，深度学习算法日益精进，智能芯片、语音识别、计算机视觉等部分领域走在世界前列。2017—2018年，中国在人工智能领域的专利总数连续两年超过了美国和日本。在产业发展方面，截至 2018 年上半年，国内人工智能企业总数达 1040 家，位居世界第二，在智能芯片、计算机视觉、自动驾驶等领域，涌现了寒武纪、旷视等一批独角兽企业。在应用领域方面，伴随着算法、算力的不断演进和提升，越来越多的产品和应用落地，比较典型的产品有语音交互类产品（如智能音箱、智能语音助理、智能车载系统等）、智能机器人、无人机、无人驾驶汽车等。人工智能的应用范围则更加广泛，目前已经在制造、医疗、金融、教育、安防、商业、智能家居等多个垂直领域得到应用。总体来说，目前我国在开发各种人工智能应用方面发展非常迅速，但在基础研究、原创成果、顶尖人才、技术生态、基础平台、标准规范等方面，距离世界领先水平还存在明显差距。

1956 年，在美国达特茅斯会议上首次提出人工智能的概念时，互联网还没有诞生；今天，新一轮科技革命和产业变革方兴未艾，大数据、物联网、深度学习等词汇已为公众所熟知。未来，人工智能将对世界带来颠覆性的变化，它不再是科幻小说里令人惊叹的场景，也不再是新闻媒体上“耸人听闻”的头条，而是实实在在地来到我们身边：它为我们处理高危险、高重复性和高精度的工作，为我们做饭、驾驶、看病，陪我们聊天，甚至帮助我们突破空间、表象、时间的局限，见所未见，赋予我们新的能力……

这一切，既让我们兴奋和充满期待，同时又有些担忧、不安乃至惶恐。就业替代、安全威胁、数据隐私、算法歧视……人工智能的发展和大规模应用也会带来一系列已知和未知的挑战。但不管怎样，人工智能的开始按钮已经按下，而且将永不停止。管理学大师彼得 · 德鲁克说：“预测未来最好的方式就是创造未来。”别人等风来，我们造风起。只要我们不忘初心，为了人工智能终将创造的所有美好全力奔跑，相信在不远的未来，人工智能将不再是以太网中跃动的字节和 CPU 中孱弱的灵魂，它就在我们身边，就在我们眼前。“遇见你，便是遇见了美好。”

新一代人工智能 2030 全景科普丛书力图向我们展现 30 年后智能时代人类生产生活的广阔画卷，它描绘了来自未来的智能农业、制造、能源、汽车、物流、交通、家居、教育、商务、金融、健康、安防、政务、法庭、环保等令人叹为观止的经济、社会场景，以及无所不在的智能机器人和伸手可及的智能基础设施。同时，我们还能通过这套丛书了解人工智能发展所带来的法律法规、伦理规范的挑战及应对举措。

本丛书能及时和广大读者、同仁见面，应该说是集众人智慧。他们主要是本丛书作者、为本丛书提供研究成果资料的专家，以及许多业内人士。在此对他们的辛苦和付出一并表示衷心的感谢！最后，由于时间、精力有限，丛书中定有一些不当之处，敬请读者批评指正！

赵志耘

2019 年 8 月 29 日

序：智联未来

随着互联网、物联网技术的发展，物联网的空间范围和应用行业得到了很大的拓展。跨网联合、万物互联的雏形已经呈现，更为重要的是，此时的物联网已经为大数据、云计算，特别是人工智能提供了数据支撑。每个通信节点可以同时具备数据搜集与感知、通信、计算及自主决策功能，从物联网到智联网，是互联网、物联网技术发展的必然。

《智联未来——从物联网到智联网》一书作为“新一代人工智能 2030 全景科普丛书”的分册，在选题内容上，注重突出物联网与人工智能的有机结合，概述大数据、人工智能、云计算、边缘计算等智联网技术基础，介绍基于光通信的“光联万物”，阐释基于智联网的智慧工厂、智慧农业、智慧医疗、智慧园区等应用，沿着物联网发展历史脉络阐述物联网的发展历程及技术基础，展现物联网发展的昨天、今天和明天。

全书通俗易懂、可读性强，“科普”特色鲜明，能够为广大学子和从业人员了解万物智联提供一些帮助。

未来已来，智联未来！

中国工程院院士、浙江大学教授

前　言

物联网的概念自2009年被提出，到今天已经走过了十多个年头。有成功的经验，也有失败的教训。当物联网遇到了5G和A、B、C，即人工智能（AI）、大数据（Big Data）、云计算（Cloud Computing），物联网发展到了新阶段，上升为“智联网”，为未来的应用提供了很多想象空间。

其实物联网的实体很早就存在，只是不叫“物联网”这个名字。在工业、智能建筑等领域都有“多网融合”的提法，其本质就是物联网。从2009年时任总理温家宝在无锡提出“物联网”概念以后，学术界、工业界就掀起一股热潮，甚至有的大学把电子系都更名为物联网系。各级领导也言必称物联网，各地工业园以物联网命名的不下上百个。同时，国家、部委和地方政府也从财政、土地、税收等方面给予了大力支持，推动了这个行业的发展。

物联网行业从最初的智能建筑、周界防范等基础应用开始，逐步拓展到了平安城市、智慧农业、工业物联网、智能家居、机器人等各个领域，进而深入医疗及健康领域。在国际上创造性地发展了共享单车经济，为行业创造了巨大的产业空间，也积累了丰富的产业经验和产业财富。

但是，在产业大发展的同时，我们在学术上、技术上、产业方向上也面临着巨大的挑战。一方面，传感器产业基础薄弱，物联网所用的传感器多数要依靠进口，制约了物联网应用的快速反馈；另一方面，在技术上，基于互联网的物物互联，由其技术基因所决定，实时性不够，很多应用场合只能做“开环应用”，离理想的物联网闭环应用场景还相距甚远。同时，机械的物物互联由于人机交互感不佳、系统集成度不够，物联网应用还处于“大脑不健全”的地步。

万幸的是，当物联网的诸多问题到了不得不解决的时候，人工智能、大数据、云计算和 5G 出现了，为物联网的未来提供了坚实的技术基础，使得今后的物联网应用有了健全的执行大脑、快速的反应能力、高度的集成系统、安全的网络空间，在无人驾驶汽车、无人潜航、无人飞机、工业应用、军事应用等方面都有了物质保障。

经过十几年的发展，中国的物联网不再是当初的物联网，已经发展到了智联网，初步解决了安全、带宽、延时、传感问题，为今后几十年的发展奠定了坚实的基础。我们相信，未来的物联网、智联网必将结出丰硕的成果，服务百姓、服务国家、服务军队。

本书是应中国通信工业协会物联网应用分会之邀而编写的科普读物，主要面向电子行业的非物联网专业人士、对科技感兴趣的普通人群，也可以作为大学生的课外读物。

本书力图从物联网和未来的智联网应用角度，全景展现物联网对工业、农业、医疗和百姓生活各个方面带来的变化。本书分为 3 篇，第一篇介绍从物联网的发展历程和技术基础；第二篇介绍物联网的现实应用；第三篇介绍从物联网到智联网——物联网的未来应用愿景。

在编撰过程中，因时间比较紧迫，难免出现错误，希望得到读者的斧正。同时，在编撰过程中，对于不熟悉的行业参考了部分业内专家的文章，在此深表谢意，若有遗漏请及时指出。同时，也对兄弟单位和多位专家的大力支持表示感谢！

编　者

2020 年 6 月 11 日

目录

第二篇 物联网的现实应用

图表目录

第一篇

物联网的发展历程及技术基础

全书分为3篇，其中第一篇简要介绍物联网的基本知识，包括物联网的定义、发展过程、基本应用情况、产业发展情况、涉及的关键技术等，为后面两篇奠定基础。

第一章 ◉◉◉•

物联网的发展历程

物联网的本质由来已久，只不过作为“物联网”的名称是从2009年肇始。国家和地方政府给予了大力支持，才有了中国物联网大发展的十年。本章回顾了物联网的发展历程，介绍了物联网应用发展情况和关键技术产业发展情况。

第一节 物联网的定义

国际电信联盟（ITU）发布的互联网报告对物联网做了以下定义：通过二维码识读设备、射频识别（RFID）装置、红外感应器、全球定位系统和激光扫描器等信息传感设备，按约定的协议，把任何物品与互联网相连接，进行信息交换和通信，以实现智能化识别、定位、跟踪、监控和管理的一种网络。

根据国际电信联盟的定义，物联网主要解决物品与物品（Thing to Thing，T2T）、人与物品（Human to Thing，H2T）、人与人（Human to Human，H2H）之间的互联。但是与传统互联网不同的是，H2T是指人利用通用装置与物品之间的连接，从而使得物品连接更加简化，而H2H是指人与人之间不依赖于PC而进行的互联。因为互联网并没有考虑到对于任何物品连接的问题，故使用物联网来解决这个传统意义上的问题。物联网顾名思义就是连接物品的网络，许多学者讨论物联网时，经常会引入一个M2M的概念，可以解释为

人到人 (Man to Man) 、人到机器 (Man to Machine) 、机器到机器 (Machine to Machine) 。从本质上而言，人与机器、机器与机器的交互，大部分是为了实现人与人之间的信息交互。

第二节　物联网的发展历程

物联网的实践最早可以追溯到1990年施乐公司的网络可乐贩售机——Networked Coke Machine。

1999年，在美国召开的移动计算和网络国际会议提出了“传感网是下一个世纪人类面临的又一个发展机遇”。会议上提出的物联网这个概念，是1999年MIT Auto-ID中心的Ashton教授在研究RFID时最早提出来的，同时提出了结合物品编码、RFID和互联网技术的解决方案。当时基于互联网、RFID技术、EPC标准，在计算机互联网的基础上，利用射频识别技术、无线数据通信技术等，构造了一个实现全球物品信息实时共享的实物互联网“Internet of things”（简称物联网），这也是在2003年掀起第一轮华夏物联网热潮的基础。

2003年，美国《技术评论》提出传感网络技术将是未来改变人们生活的十大技术之首。

2005年11月17日，在突尼斯举行的信息社会世界峰会（WSIS）上，国际电信联盟发布《ITU互联网报告2005：物联网》，引用了“物联网”的概念。物联网的定义和范围已经发生了变化，覆盖范围有了较大的拓展，不再只是指基于RFID技术的物联网。

2008年后，为了促进科技发展，寻找新的经济增长点，各国政府开始重视下一代的技术规划，将目光放在了物联网上。同年11月，在北京大学举行的第二届中国移动政务研讨会“知识社会与创新2.0”上提出，移动技术、物联网技术的发展代表着新一代信息技术的形成，并带动了经济社会形态、创新形态的变革，推动了面向知识社会的以用户体验为核心的下一代创新（创新2.0）形态的形成，创新与发展更加关注用户、注重以人为本。而创新 2.0 形态的形成又进一步推动新一代信息技术的健康发展。

2009 年 1 月 28 日，奥巴马就任美国总统后，与美国工商业领袖举行了一次“圆桌会议”，作为仅有的两名代表之一，IBM 首席执行官彭明盛首次提出“智慧地球”这一概念，建议新政府投资新一代的智慧型基础设施。当年，美国将新能源和物联网列为振兴经济的两大重点。

2009 年 2 月 24 日，在 2009 IBM 论坛上，IBM 大中华区首席执行官钱大群公布了名为“智慧地球”的最新策略。此概念一经提出，即得到美国各界的高度关注，甚至有分析认为，IBM 公司的这一构想极有可能上升为美国的国家战略，并在世界范围内引起轰动。IBM 认为，IT 产业下一阶段的任务是把新一代 IT 技术充分运用在各行各业之中，具体地说，就是把感应器嵌入和装备到电网、铁路、桥梁、隧道、公路、建筑、供水系统、大坝、油气管道等各种物体中，并且被普遍连接，形成物联网。在策略发布会上，IBM 还提出，如果在基础建设的执行中植入“智慧”的理念，不仅能够在短期内有力地刺激经济、促进就业，而且能够在短时间内为中国打造一个成熟的智慧基础设施平台。IBM 希望“智慧地球”策略能掀起“互联网”浪潮之后的又一次科技产业革命。IBM 前首席执行官郭士纳曾提出一个重要的观点，认为计算模式每隔 15 年发生一次变革。这一判断像摩尔定律一样准确，人们把它称为“十五年周期定律”。1965 年前后发生的变革以大型机为标志，1980 年前后以个人计算机的普及为标志，而 1995 年前后则发生了互联网革命。每一次这样的技术变革都引起企业间、产业间甚至国家间竞争格局的巨大动荡和变化。而互联网革命在一定程度上是由美国“信息高速公路”战略所“催熟”的。20 世纪 90 年代，美国克林顿政府计划用 20 年时间，耗资 2000 亿～ 4000 亿美元，建设美国国家信息基础结构，创造了巨大的经济和社会效益。

而今天，“智慧地球”战略被不少美国人认为与当年的“信息高速公路”有许多相似之处，同样被他们认为是振兴经济、确立竞争优势的关键战略。该战略能否掀起如当年互联网革命一样的科技和经济浪潮，不仅为美国关注，更为世界所关注。

2009年8月，时任总理温家宝在视察中国科学院无锡物联网产业研究所时，对于物联网应用也提出了一些看法和要求。自温总理提出“感知中国”以来，物联网被正式列为国家五大新兴战略性产业之一，写入政府工作报告，物联网在中国受到了全社会极大的关注，其受关注程度是在美国、欧盟及其他各国不可比拟的。

物联网的概念已经是一个“中国制造”的概念，它的覆盖范围与时俱进，已经超越了1999年Ashton教授和2005年ITU报告所指的范围，物联网已被贴上“中国式”标签。

2009年10月，中国研发出首颗物联网核心芯片——“唐芯一号”。2009年11月7日，总投资超过2.76亿元的11个物联网项目在无锡成功签约，项目研发领域覆盖传感网智能技术研发、传感网络应用研究、传感网络系统集成等物联网产业多个前沿领域。2010年，工业和信息化部和发展改革委出台了系列政策支持物联网产业化发展，到2020年之前我国已经规划了3.86万亿元的资金用于物联网产业化的发展。

在国家重大科技专项、国家自然科学基金和“863”计划的支持下，国内新一代宽带无线通信、高性能计算与大规模并行处理技术、光子和微电子器件与集成系统技术、传感网技术、物联网体系架构及其演进技术等研究与开发取得重大进展，先后建立了传感技术国家重点实验室、传感器网络实验室和传感器产业基地等一批专业研究机构和产业化基地，开展了一批具有示范意义的重大应用项目。目前，北京、上海、江苏、浙江、无锡和深圳等地都在开展物联网发展战略研究，制定物联网产业发展规划，出台扶持产业发展的相关优惠政策。从全国来看，物联网产业正在逐步成为各地战略性新兴产业发展的重要领域。

全球联网设备数量高速增长，“万物互联”成为全球网络未来发展的重要方向。据GSMA预测，2025年全球物联网设备（包括蜂窝及非蜂窝）联网数量将达到252亿，远高于2017年的63亿；同时，物联网市场规模将达到目前的4倍。此外，工业物联网设备联网数量在2016—2025年将从24亿增加到138亿，增幅达5倍左右，工业互联网设备联网数量也将在2023年超过消费物联网设备联网数量。

LoRa、NB-IoT和5G等通信技术的发展让万物互联成为现实。尤其面向低耗流物联网终端的NB-IoT，作为万物互联网络的一个重要分支，适合广泛部署在智慧城市、智慧交通、智能生产和智能家居等众多领域。

如今，物联网的概念已经深入人心，应用延伸到社会各个领域。并且随着移动互联网的加入，对人民群众的生活和工农业生产已经起到越来越重要的作用。

第三节　物联网应用发展情况和特点

一、全球物联网应用的整体情况

全球物联网应用出现三大主线。一是面向需求侧的消费性物联网，即物联网与移动互联网相融合的移动物联网，创新高度活跃，孕育出可穿戴设备、智能硬件、智能家居、车联网、健康养老等规模化的消费类应用。二是面向供给侧的生产性物联网，即物联网与工业、农业、能源等传统行业深度融合形成行业物联网，成为行业转型升级所需的基础设施和关键要素。三是智慧城市发展进入新阶段，基于物联网的城市立体化信息采集系统正加快构建，智慧城市成为物联网应用集成创新的综合平台。

从全球范围来看，产业物联网（包括生产性物联网和智慧城市物联网）与消费物联网基本同步发展，但双方的发展逻辑和驱动力量有所不同。据GSMA Intelligence预测，2017—2025年，产业物联网连接数将实现4.7倍的增长，消费物联网连接数将实现2.5倍的增长。

从国内来看，目前很多行业在政府相关政策的驱动下，形成了相关行业物联网的刚性需求，促成物联网在这些行业的快速落地，典型的包括智慧城市中各类公共事务和安全类应用。当前阶段，政策驱动的物联网应用落地快于企业自发的物联网应用需求，而消费者自发的物联网需求总体慢于企业的自发需求。

二、消费物联网应用热点迭起

消费物联网经历了单品、入口、交互等多个“风口”，通过数年来产业界的努力，物联网不再仅限于为家庭和个人提供消费升级的一些新产品，而是已经开始对人们的衣食住行等各个方面产生影响，在一定程度上体现出物联网改变生活的效应。

1. 智能音箱爆红，成为智能家居场景中最佳交互终端

与以往智能家居依靠手机、平板电脑或面板的交互方式相比，智能音箱进一步解放了人们的双手，使智能音箱成为消费物联网中的一大爆品。各大厂商，尤其是互联网厂商对此非常积极，谷歌推出 Google Home、亚马逊推出 Echo、阿里推出天猫精灵、小米推出小爱音箱、百度推出小度音箱等。智能音箱从 2017 年开始爆发，2018 年延续火爆态势，当时的数据显示，2018 年第二季度全球智能音箱出货量已达到了 1680 万台，同比增长 187%，其中谷歌、亚马逊、阿里和小米 4 家的智能音箱占据全球 85% 以上的份额，预计到 2018 年年底使用智能音箱的人数将达到 1 亿人。智能音箱背后是语音助手和人工智能算法的训练，目前与家庭中大部分智能产品能够实现联动，通过智能音箱控制智能家居设备。

2. 共享经济正在改变大众出行方式和部分生活习惯

近两年受到资本热捧的共享单车虽然有所沉寂，但在短时间内对城市居民出行方式的影响非常巨大，甚至成为很多市民短距离出行的主要方式。同时，又出现了共享电动车、共享汽车、共享快递柜等共享业务。共享经济是我国传统农耕文化思维的表现形态，将区别于西方工业思维而独立存在。

3. 全屋智能带来居住环境体验的进一步提升

智能家居领域的参与群体越来越多，家居家电厂商、地产商、互联网公司、运营商、创业团队等均看好智能家居的潜在市场。2018年，全球智能家居设备、系统和服务的消费者支出总额接近960亿美元，未来5年的复合年均增长率为10%，预计2023年将达到1550亿美元。

4. 可穿戴设备已具有规模化的出货量

经过前期市场磨合，智能可穿戴设备已成为大量消费者随身必备设备的组成部分，从而促使全球智能可穿戴设备形成规模化的出货量。2017年，可穿戴设备的出货量达到1.154亿，2018年达到1.226亿，其中智能手表和手环占据了绝大多数份额。苹果、小米、Fitbit、华为成为可穿戴设备出货量较大的厂商。

5. 智能门锁市场开始发力

通信、电子和安全技术的进步推动传统门锁向智能门锁的更新换代。首先是各类商业场所的需求，如酒店、办公楼、出租屋、短租公寓等场景，智能门锁在这些商业场所中的渗透率稳步提升。在未来的5～10年内，我国智能门锁的总需求量将超3000万套，行业总产值将会突破千亿元大关。

三、智慧城市物联网应用全面升温

新理念、新技术驱动智慧城市物联网应用全面升温。“数字孪生城市”正在成为全球智慧城市建设热点，通过交通、能源、安防、环保等各个系统海量的物联网感知终端，可实时全面地表述真实城市的运行状态，构建真实城市的虚拟镜像，支撑监测、预测和假设分析等各类应用，实现智能管理和调控。

目前，全球领先城市已经开展相关探索。新加坡国家研究基金会和相关政府部门启动“Virtual Singapore”项目，打造全球首例城市数字孪生模型。法国小型城市雷恩市政府也开展“数字孪生城市”试点，打造城市数字模型支撑城市政策制定、发展研究和应用开发。我国雄安新区积极发挥引领作用，以数字孪生实现数字城市与现实城市的同步规划、同步建设，实现信息可见、轨迹可循、状态可查，虚实同步运转，情景交融，过去可追溯，未来可预期。在“数字孪生城市”建设理念引领下，城市物联网应用正向更大规模、更多领域、更高集成的方向加快升级。

1. 安防市场呈现规模化发展

随着平安城市、雪亮工程等政策的实施，安防行业迎来快速发展，2017 年，中国安防市场规模超过 6300 亿元，同比增长 17.6%，生产商数量超过 7000 家。规模发展的安防行业为物联网提供了最佳应用环境，物联网在智慧安防中的渗透率不断提升，联网智慧安防设备快速增加，其中“AI+ 安防”成为物联网在安防领域应用的典型特征。

2. 公用事业借助低功耗广域网络实现智能化升级

城市供水、供气、供热等公用事业的智能化升级是近两年智慧城市中最为典型的民生应用项目，NB-IoT、LoRa 等低功耗广域网络的商用，给公用事业带来了更适用的接入网络技术。继全球首个 NB-IoT 物联网智慧水务商用项目在深圳发起之后，福建、湖南、宁夏等地快速开展基于 NB-IoT 的智慧水务试点应用，华润燃气、深圳燃气、福州燃气、新奥燃气、北京燃气等公司也在开展基于 NB-IoT 和 LoRa 技术的智慧燃气试点。除抄表外，基于物联网的城市管网监测、供水供气调度、城市公共资产管理等应用也在不断涌现，合同管理等新的建设运营模式也在积极探索。

3. 消防与物联网密切融合的市场已经开启

2017 年，智慧消防政策出台，公安部发布《关于全面推进“智慧消防”建设的指导意见》，要求全面推进智慧消防和物联网远程防护系统，并开始制定新的消防设备规范，NB-IoT、LoRa 等物联网技术被列为重要的基础。2015 年，我国消防报警设备市场规模为 230 亿元，到 2021 年，这一市场规模预计突破 1000 亿元，年均增速达 30%。

四、生产性物联网应用成就新的风口

1. 工业互联网应用潜力巨大，应用模式初步形成

据市场研究公司 MarketsandMarkets 的调查报告显示，2018 年，全球工业物联网的市场规模约 640 亿美元，预计将在 2023 年成长至 914 亿美元，2018—2023 年的复合年均增长率（CAGR）为 7.39%，其中亚太地区增速最高，中国和印度等新兴经济体的基础设施和工业发展持续促进亚太地区的工业物联网市场成长。

2. 农业物联网应用示范成效初显，智慧农业加快发展

《“十三五”全国农业农村信息化发展规划》提出实施农业物联网区域试验工程，建成 10 个农业物联网试验示范省、100 个农业物联网试验示范区、1000 个农业物联网试验示范基地。目前，全国已有 9 个省（区、市）开展农业物联网区域试验，形成 426 项农业物联网产品和应用模式。

第四节　物联网关键领域产业进展情况

一、传感器应用创新特征显现

1. 传感器市场的现状

市场、技术和政策三大因素将驱动传感器产业快速发展。随着电子、材料、物理、化学等多方面发展，特别是 MEMS 工艺技术的成熟和应用，满足市场需求的多功能、微型化、数字化、系统化、网络化、智能化传感器不断涌现，形成传感器发展新热点。目前，传感器技术从单一的物性型，向功能、技术复合集成，以及微型化、多功能、数字化、智能化、系统化、网络化发展成为未来技术和产业发展主要趋势。我国已有 1700 余家企事业单位从事传感器的研制、生产和应用，产业门类基本齐全，敏感元件和传感器年总产量已超过 20 亿只，

传感器产品达到十大类、42 小类、6000 多个品种。其中，声敏、力敏、光敏、气敏、磁敏、RFID 六大类别的主流产品，已经具备产业化技术基础和市场应用需求空间，可形成产业化规模生产。而且，在各行业领域物联网应用需求的带动下，针对不同系统技术协同和智能化标准要求，网络化、智能化传感器将成为今后技术与产业发展的一大趋势。

2. 传感器的各行业应用

在应用方面，无论是航空航天飞行器、火车、高铁、汽车，还是移动终端，包括机器人，都是一个多技术融合与聚集的“平台”，是一个安装传感器的“平台”，它的优劣取决于装了多少个传感器，没有传感器就没有大数据。高铁的快速发展将为传感器带来巨大市场，按照国家规划，到 2030 年铁路运营达到 20 万公里（2015 年为 12.1 万公里），其中高铁运营达 4.5 万公里（2015 年为 1.9 万公里），高铁装有数量庞大的传感器来完成车辆、轨道线路、自然环境等的监测。随着中国中车“轨道交通安全保障技术项目”的研发与实施，将成为高端智能传感器新的增长点。

再以汽车为例，每辆普通轿车所用的传感器数量超过 100 只，高级轿车所用传感器超过 200 只，按照“到 2020 年新能源汽车保有量达到 500 万辆”的国家规划，新能源汽车将为传感器带来快速增长的巨大市场。

又如，机器人中有内传感器和外传感器之分，内传感器就是内部之间的活动关节相互之间的关系，要通过传感器获取大量数据并传输；外传感器是通过它的五官和外界窗口来实现传输。不同类型和功能的机器人，其性能和功能的优劣，无疑是看其安装了多少传感器，同时看其安装了什么类别和品质的传感器而已。

传感器不仅可以决定这些“平台”的技术高低和性能优劣，同时也可以通过获取声音、温湿度、压力、流量、磁场、气体、形态图样等各种参数指标的变化，来监控“平台”自身运行状态和安全状况，使得“平台”能够安全可靠、健康稳定地有效运行。结合系统体系构架、软件服务模型形成完整的“智能”

与“智慧”系统，满足工业领域的智能管理需求。目前，智能电网、智能交通、环境监测、公共安全、智能家居、智能医院、智能高铁、战场感知、机场围界、食品加工、感知石化、智慧农业、现代物流、智能楼宇、生物制药、政府公务、智能消防、工业监测、老人护理、社区医疗、花卉栽培、水系监测、食品溯源、敌情侦查和情报搜集等400多个物联网示范工程项目被正式列入物联网目录，都是应用各类传感器技术与产品的主要市场，也无疑为传感器技术创新发展提供了充分的想象空间。

传感器不仅可以探知宏观世界和微观世界，甚至可以感知我们生命的各种信息，获取人体生理参数指标等大数据，如血糖、血脂、血氧、脉象、心电、脑压、脑电、体温。我国已“快速、跑步进入老龄化社会”，家庭服务未来将是一个很大的问题。科技助老成为今后创新的又一大方向。相关机构研究，未来从可穿戴设备到家庭智能终端，以及服务型机器人会形成8万～10万亿元的市场规模。未来服务型机器人的功能是很强大的，生活指导、娱乐游戏、慢病护理、健康管控、应急救助等各尽所需。因此，找到个性化的健康样本值和分析模型是应用技术创新的难点和关键，是通往“智能”与“智慧”的瓶颈，也是创新的目标、任务与方向。

3. 传感器未来发展之路

按照层级化的观点，智能传感器无疑是一种系统集成和网络构架下的共性基础技术，也是当前系统应用和技术创新的又一个瓶颈。为了打破产业与应用之间的障碍，解决产业对接市场和共性技术产业化问题，“十三五”期间，我国制定了国家传感器产业长期的发展战略，工业和信息化部制定《智能传感器产业三年行动指南（2017—2019年）》，明确了传感器产业的发展目标和方向是智能化传感器，并制定了相应的产业发展路线图，确定了MEMS（微机电系统）工艺和集成电路工艺相结合的产业发展路径，以及以市场应用为主导的政策扶持原则。这些规划与政策推动将成为实现安全、自主、可控的产业化发展的必然选择，既可以促进我国传感器产业的快速健康发展，又可以提升我国产业自主发展的能力与核心竞争力。

二、芯片产业市场潜力巨大

芯片作为驱动传统终端升级为物联网终端的核心元器件之一，得到业界高度重视，从低复杂度到高性能计算控制芯片，从短距离通信到长距离通信芯片，各种类别芯片大量供应商参与的格局已经形成，传统芯片巨头也将物联网作为未来重要发力领域之一。2018 年，全球联网类设备达到 178 亿元，其中物联网连接数将达到 70 亿，相比 2017 年增长了 11 亿，这些新增的连接数给各类物联网芯片企业带来了百亿级的市场规模。

1. 物联网成为微控制器芯片持续增长的重要动力

微控制器芯片（MCU）作为电子类产品中不可或缺的计算控制单元，当前市场上以 8 位和 32 位 MCU 为主，两者占据 MCU 出货量的 85% 以上，8 位 MCU 的价格优势和 32 位 MCU 的性能优势使两者在未来几年仍保持较高的市场占有率，不过随着 32 位 MCU 价格的下降，开始对 8 位 MCU 形成替代。

2. 短距离通信芯片在物联网芯片出货量中占比较高

目前，全球 70 亿物联网连接中有近 80% 为无线个域网、无线局域网连接，短距离芯片仍将是未来数年的出货量主力，其中个域网的低功耗蓝牙（BLE）芯片出货量最大。

3. 广域物联网通信芯片仍以传统蜂窝为主，LPWAN 芯片增速最快

截至 2018 年，全球广域物联网通信芯片出货量最多的仍是传统蜂窝通信芯片，其中以 2G 和 4G 芯片为主，占比超过 70%。受低功耗广域网产业发展初期和连接数不足的影响，LPWAN 芯片出货量较少，2017 年 LoRa 芯片出货量约 1500 万片。

三、模组产业竞争激烈

1. 内外因共同作用，通信模组价格持续下降

模组研发生产的门槛不断降低，在物联网市场快速发展预期的刺激下，大量厂商也进入这一领域，尤其是国内模组企业数量增长更快。目前，NB-IoT 通信模组厂商数量已突破 20 家，伴随厂家的增多，市场竞争进一步加剧，促使模组价格逐步拉低。另外，运营商对于模组的大额补贴使模组价格进一步接近规模商用边界，目前，NB-IoT 模组价格处于 20 ～ 35 元，其中单模模组集中于 20 ～ 30 元。

2. 广域模组寡头市场结构明显

广域通信模组尤其是蜂窝物联网模组具有更为明显的规模化效应，在全球市场中形成了少数几家出货量较高的寡头占据大部分市场的局面。2017 年前半年，芯讯通、Sierra Wireless、泰利特、金雅拓和 U-blox 5 家厂商的出货量占据全球蜂窝物联网模组出货量 65% 的份额，营收占全球 85% 的份额。

模组向高附加值方向发展。模组产品的结构差异带来收入结构的较大差异。2017 年上半年，虽然芯讯通蜂窝模组出货量占据全球出货量的 23%，但由于大批出货量来自共享单车 2G 低附加值模组，其收入仅占比 11%，而 Sierra Wireless 则依靠更多的 4G 模组和高性能、高附加值的产品，出货量占全球 17%，但收入占比 32%。

3. 网络接入侧进展迅速，核心网侧突破缓慢

过去两年，无线网络在技术演进和商用中实现了重大进展，从接入侧看，包括低功耗广域网络、第五代移动通信技术、蜂窝车联网通信技术及各类短距离通信网络均给业界带来新的功能和商用落地，不仅扩展了可以接入的物理设备的数量和范围，而且使物理设备接入网络更加便捷、安全和低成本。从核心网看，依然沿用传统方式，数据回传后仍然采用传统数据网络的核心网架构，目前业界无论是软件定义网络、网络功能虚拟化、5G 网络切片、未来网络等均

是采用虚拟或单独重建的理念对蜂窝网络或互联网骨干网基础设施进行改造，缺少面向物联网的专用性核心网技术的突破。

NB-IoT 与 eMTC 正在加速构建蜂窝物联网（C-IoT）的接入基础设施。截至 2018 年 11 月，全球已商用的移动物联网网络达到 66 张，均为各国和地区主流运营商。其中 eMTC（LTE-M）商用网络为 13 张，NB-IoT 商用网络有 53 张。作为拥有全球最广泛网络覆盖的运营商，沃达丰目前已在 10 个国家商用开通了 NB-IoT 网络，并宣布将 NB-IoT 排在资本支出计划的高优先级，在 2019 年年底之前，会把位于欧洲的 NB-IoT 基站数量增加 1 倍。

第二章 ◉◉◦◦

物联网的技术体系及关键技术

本章简要介绍物联网的技术体系、技术特点和关键技术，为后文介绍物联网的应用铺垫技术基础。

第一节　物联网的架构

物联网是继计算机、互联网与移动通信网之后的信息产业新方向，其价值在于让物体也拥有了“智慧”，从而实现人与物、物与物之间的沟通。物联网的特征在于感知、互联和智能的叠加。

目前，业界将物联网体系架构分为 3 层：底层是用来感知数据的感知层；中间层是数据传输的网络层；最上面则是应用层，如图 2–1 所示。感知部分，即以二维码、RFID、传感器为主，实现对“物”的识别；传输网络，即通过现有的互联网、广电网络、通信网络等实现数据的传输；智能处理，即利用云计算、数据挖掘、中间件等技术实现对物品的自动控制与智能管理等。

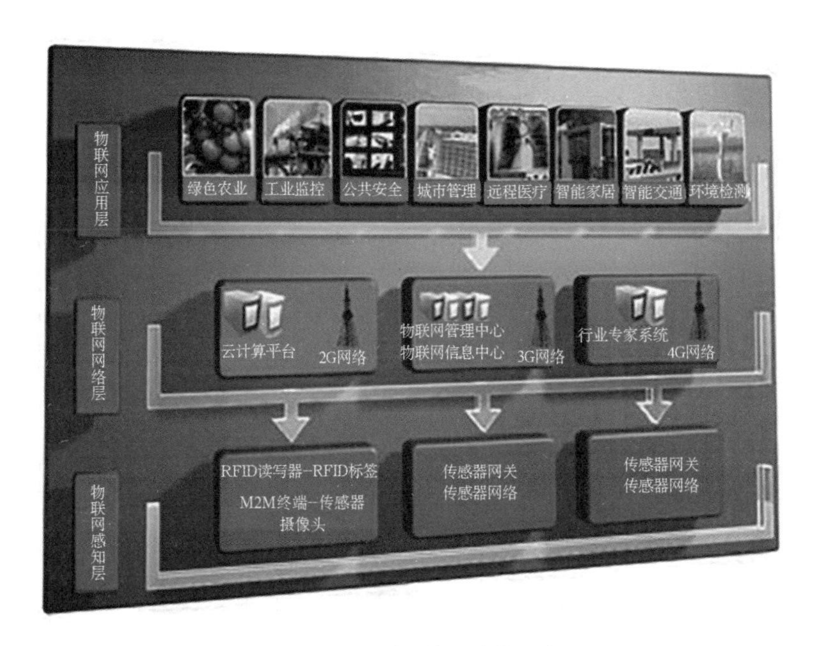

图 2-1　物联网体系结构示意

在物联网体系架构中，3 层之间的关系可以这样理解：感知层相当于人体的皮肤和五官；网络层相当于人体的神经中枢和大脑；应用层相当于人的社会分工，具体描述如下。

感知层是物联网的皮肤和五官，主要实现识别物体、采集信息的功能。感知层包括二维码标签和识读器、RFID 标签和读写器、摄像头、GPS 等，其所起的主要作用与人体结构中皮肤和五官的作用相似。

网络层是物联网的神经中枢和大脑，实现信息的传递和处理。网络层包括通信与互联网的融合网络、网络管理中心和信息处理中心等。网络层将感知层获取的信息进行传递和处理，类似于人体结构中的神经中枢和大脑。

应用层是物联网的“社会分工”，使物联网与行业需求结合，实现广泛智能化。应用层是物联网与行业专业技术的深度融合，实现行业智能化，这类似于人的社会分工，最终构成人类社会。

在各层之间，信息不是单向传递的，也有交互、控制等，所传递的信息多种多样，其中关键的是物品的信息，包括在特定应用系统范围内能唯一标识物品的识别码和物品的静态与动态信息。

第二节 物联网技术的特点

与传统的互联网相比，物联网有其独特的 3 个特征。

一、各种感知技术的广泛应用

物联网上部署了海量的、多种类型的传感器，每个传感器都是一个信息源，不同类别的传感器所捕获的信息内容和信息格式不同。传感器获得的数据具有实时性，按一定的频率周期性地采集环境信息，不断更新数据。

二、建立在互联网上的泛在网络

物联网技术的重要基础和核心仍旧是互联网，通过各种有线和无线网络与互联网融合，将物体的信息实时准确地传递出去。在物联网上的传感器定时采集的信息需要通过网络传输，由于其数量极其庞大，形成了海量信息，在传输过程中，为了保障数据的正确性和及时性，必须适应各种异构网络和协议。

三、对物体实施智能控制

物联网将传感器和智能处理相结合，利用云计算、模式识别等各种智能技术，扩充其应用领域。从传感器获得的海量信息中分析、加工和处理出有意义的数据，以适应不同用户的不同需求，发现新的应用领域和应用模式。

此外，物联网还具有三维运行的体系结构、感知与识别技术的广泛应用、传感器自组织成网、泛在无线通信技术的应用、异构网络的互联融合与可移动管理、信息融合对标准化的需要、大流量与多媒体信息处理的处理应用等特点。

因为本书重点讨论物联网的社区服务应用，因此这些特点在此不做详细解释，读者可参考有关物联网的专著。

第三节　物联网的关键技术

物联网所涉及的关键技术随着应用的深入而逐渐增多，本节主要介绍其中的6个主要关键技术，即传感技术、微机电技术、无线网络技术、自动识别技术、条形码技术、定位技术。生物识别技术、机器人技术和孪生技术等在第三篇中加以介绍。

一、传感技术

在利用信息的过程中，首先要解决的就是获取准确可靠的信息，而在现代控制系统中，传感器处于连接被测对象和测试系统的接口位置，构成了系统信息输入的主要“窗口”，提供着系统进行控制、处理、决策、执行所必需的原始信息，直接影响和决定着系统的功能。传感器可以直接接触被测对象，也可以间接接触。许多控制系统功能因控制对象的信息难以采集与获取而无法实现，成为系统技术发展与提升的障碍，也成为大数据来源和采集，以及物联网技术与发展的最大障碍。

如果把计算机比喻为人的大脑，通信比喻为人的神经系统，那么传感器就是“五官”和“皮肤”，承担着感知并获取自然环境中的一切信息数据的功能。西方发达国家正因重视传感器等技术，逐步形成了全球高新技术发展及军工武器装备的基础技术的应用差异。

以现代飞行器为例，它装备着各种各样的显示和控制系统，以保证飞行任务的完成。反映飞行器的飞行参数和姿态、发动机工作状态的各种物理参数都要用传感器予以检测。一方面，提供给驾驶人员用以控制与操纵飞行器；另一方面，传输给各种自动控制系统，进行飞行器的自动驾驶和自动调节。例如，“阿波罗 10”的运载火箭部分，检测加速度、声学、温度、压力、振动、流量、应变等参数的传感器共有 2077 个，宇宙飞船部分共有各种传感器 1218 个，它们的数量很大，要求也很高。在飞行器研制过程中，也要用各种传感器对样机进行地面测试和空中测试，才能确定其是否符合各项技术性能指标。

传感器的英文是“Sensor”，意思是感觉或知觉等。传感器通俗的定义是指能感知外界信息并能按一定规律将这些信息转换成可用信号的装置。它由敏感元器件（感知元件）和转换器件两部分组成，有的半导体敏感元器件可以直接输出电信号，本身就构成传感器。敏感元器件品种繁多，就其感知外界信息的原理来讲，可分为物理类、化学类和生物类。其中，物理类传感器是基于力、热、光、电、磁和声等物理效应；化学类是基于化学反应的原理；生物类是基于酶、抗体和激素等分子识别功能。通常根据其基本感知功能，分为热敏元件、光敏元件、气敏元件、力敏元件、磁敏元件。

在工农业生产领域，工厂的自动流水生产线、全自动加工设备、许多智能化的检测仪器设备，都大量采用了各种各样的传感器。它们在保障生产、减轻人们劳动强度、避免有害作业等方面发挥了巨大的作用。在现代工业生产尤其是自动化生产过程中，要用各种传感器来监视和控制生产过程中的各种参数，使设备工作在最佳或正常状态，并使产品达到质量要求。在家用电器领域，如全自动洗衣机、电饭煲和微波炉等都离不开传感器。在医疗卫生领域，电子脉搏仪、体温计、医用呼吸机、超声波诊断仪、断层扫描（CT）及核磁共振诊断设备等，都大量使用了各种各样的传感技术。这些对改善人们的生活水平、提高生活质量和健康水平起到了重要的作用。在军事国防领域，各种侦测设备、红外夜视探测、雷达跟踪、武器精确制导等，没有传感器是难以实现的。在航空航天领域，空中管制、导航、飞机的飞行管理和自动驾驶、着陆等，都需要大量的传感器。人造卫星的遥感遥测等都与传感器紧密相关。

在基础学科领域，传感器更具有突出的地位。随着现代科学技术的发展，产生了许多新领域，如在宏观上要观察上千光年的茫茫宇宙，微观上要观察小到粒子世界，纵向上要观察长到数十万年的天体演化，短到瞬间反应。此外，还出现了对深化物质认识、开拓新能源新材料等具有重要作用的各种极端技术的研究，如超高温、超低温、超高压、超高真空、超强磁场、超弱磁场等。许多基础科学研究的障碍，首先就在于对象信息的获取存在困难，而一些新机制和高灵敏度的检测传感器的出现，往往会促进该领域的突破。一些传感器的发展，往往是一些边缘学科开发的先驱。

此外，在矿产资源、海洋开发、生命科学、生物工程等领域中传感器都有着广泛的用途，传感器技术已受到各国的高度重视，并已发展成为一种专门的技术学科。

二、微机电技术

微机电系统（Micro Electromechanical System，MEMS）是指集微型传感器、执行器，以及信号处理和控制电路、接口电路、通信和电源于一体的微型机型统。这种微型机电系统不仅能采集、处理与发送信息或指令，还能按照所获取的信息自主地或根据外部的指令采取行动。它用微电子技术和微加工技术（包括硅体微加工、硅表面微加工、LIGA 和晶片键合等技术）相结合的制造工艺，制造出各种性能优异、价格低廉、微型化的传感器、执行器、驱动器和微系统。概括起来，MEMS 具有以下几个基本特点：微型化、智能化、多功能、高集成度和适于大批量生产。

MEMS 主要包括传感 MEMS 技术、生物 MEMS 技术、光学 MEMS 技术和射频 MEMS 技术。其中，传感 MEMS 技术是指用微电子、微机械加工出来的，用敏感元件如电容、压电、压阻、热电耦、谐振、隧道电流等来感受转换电信号的器件和系统，包括速度、压力、湿度、加速度、气体、磁、光、声、生物、化学等各种传感器，也包括面阵触觉传感器、谐振力敏感传感器、微型加速度传感器、真空微电子传感器等。

生物 MEMS 技术是用 MEMS 技术制造的化学或生物微型分析和检测芯片或仪器，将在衬底上制造出的微型驱动泵、微控制阀、通道网络、样品处理器、混合池、计量器、增扩器、反应器、分离器及检测器等元器件集成为多功能芯片，可以实现样品的进样、稀释、加试剂、混合、增扩、反应、分离、检测和后处理等分析全过程。国际上生物 MEMS 的研究已成为热点，将为生物、化学分析系统带来一场重大的革新。

光学 MEMS 技术是把各种 MEMS 结构件与微光学器件、光波导器件、半导体激光器件、光电检测器件等完整地集成在一起，形成一种全新的功能系统。目前，较为成功的应用科学研究一是集中在基于MOEMS的新型显示、投影设备，主要研究如何通过反射面的物理运动来进行光的空间调制，典型代表为数字微镜阵列芯片和光栅光阀；二是主要研究通过微镜的物理运动来控制光路发生预期的改变，较成功的有光开关调制器、光滤波器间隔装置及复用器等光通信器件。

射频 MEMS 技术分为固定的和可动的两类。固定的 MEMS 器件包括本体微机械加工传输线、滤波器和耦合器；可动的 MEMS 器件包括开关、调谐器和可变电容。按技术层面又分为由微机械开关、可变电容器和电感谐振器组成的基本器件层面，由移相器、滤波器和 VCO 等组成的组件层面，由单片接收机、变波束雷达、相控阵雷达天线组成的应用系统层面。

MEMS 技术的主要技术途径有 3 种：一是以美国为代表的以集成电路加工技术为基础的硅微加工技术；二是以德国为代表发展起来的 LIGA 技术（包括 X 射线深度光刻、微电铸和微塑铸等加工工艺）；三是以日本为代表发展起来的精密加工技术。

MEMS 技术的发展开辟了一个全新的技术领域和产业，采用 MEMS 技术制作的微传感器、微执行器、微型构件、微机械光学器件、真空微电子器件、电力电子器件等在航空、航天、汽车、生物医学、环境监控、军事，以及几乎人们所接触到的所有领域中都有着十分广阔的应用前景。同时，MEMS 技术也正发展成为一个巨大的产业，多数工业观察家预测，未来 5 年 MEMS 器件的销售额将呈迅速增长之势，年平均增长率约为 18%，因此，对机械电子工程、精密机械及仪器、半导体物理等学科的发展带来了极好的机遇和严峻的挑战。

可以预见，MEMS 会给人类社会带来另一次技术革命，它将对 21 世纪的科学技术、生产方式和人类生产质量产生深远影响，是关系到国家科技发展、国防安全和经济繁荣的一项关键技术。

三、无线网络技术

无线网络技术涵盖的范围很广，既包括允许用户建立远距离无线连接的全球语音和数据网络，也包括为近距离无线连接进行优化的红外线技术及射频技术等。通常用于无线网络的设备包括台式计算机、个人数字助理（PDA）、智能电话、笔式计算机等。

与有线网络一样，无线网络可根据数据传输的距离分为无线广域网、无线城域网、无线局域网和无线个人网。

1. 无线广域网

无线广域网使用户通过远程公用网络建立覆盖广大地理区域的连接，经历了 1G、2G、3G、4G 和 5G 这 5 个时代，在不远的将来会迎来 6G 时代（图 2–2）。

起源于 20 世纪 80 年代的第一代移动通信系统（1G）又称为模拟移动通信。1G 主要采用的是模拟技术和频分多址（FDMA）技术。1987 年 11 月，广东省开通了全国第一个移动通信网，首批用户只有 700 人。当时电话的价格在 20 000 元左右，另外入网费 6000 元，每分钟通话 0.6 元，1 小时的市内通话费用就需要 80 元。即便是在今天，普通人也未必能负担起这样的价格。

20 世纪 90 年代出现了第二代移动通信技术（2G），又称为数字移动通信，2G 主要采用两种技术：一种是基于时分多址（TDMA）所发展出来的全球移动通信系统（GSM）；另一种是码分多址（CDMA）技术。2G 手机除了打电话之

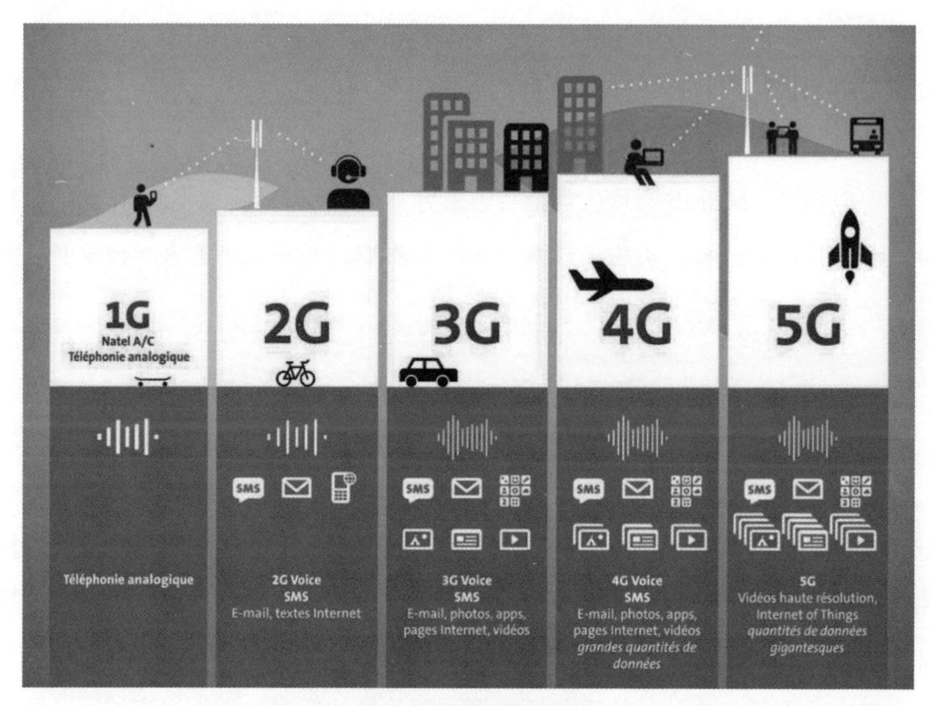

图 2-2 无线广域网

（来源：https://www.sohu.com/a/139037894_114877）

外还有了短信业务。2G 的话音质量和保密性得到了很大的提高，并可进行省内、省际自动漫游、但是 2G 同样存在很多的短板，如标准不统一无法实现全球漫游、宽带有线不能提供高速数据传输等。

第三代移动通信技术（3G）的理论研究、技术开发和标准制定开始于 20 世纪 80 年代中期，国际电信联盟将其正式命名为国际移动通信 –2000。3G 最基本的特征是智能信号处理技术，支持多媒体数据通信，用一句话概括，就是移动 + 宽带。3G 时代智能终端的出现也对通信世界产生了根本性的影响。以 iPhone 为代表的智能手机，是集音乐播放、收音机、照相、游戏、电子书等功能于一身的计算终端，需要更高带宽、更高质量的网络支持。“移动网络用于传送数据，移动终端集成一切电子设备”的新认知开始出现。3G 手机支持高速数据传输，能够处理图像、视频，能够浏览网页、网上购物等。

第四代移动通信技术（4G）是继 3G 之后的又一次无线通信技术的升级。4G 通信的设计目标是：更快的传输速度、更短的时延与更好的兼容性。高度，确实是 4G 最大的特征，它的理论下载速度约为 100 Mbps，不过在实际应用中，所有宽带都会受到传输距离和同时在线用户数的影响。第四代移动通信的智能性更高，不仅表现在 4G 通信的终端设备的设计和操作具有智能化，更重要的是 4G 手机可以实现许多难以想象的功能，4G 手机可以被看作一台手提电脑。

目前，5G 系统正在快速部署，未来将是智联网的时代，将在第三篇重点介绍。

2. 无线城域网

无线城域网技术使用户可以在城区的多个场所之间创建无线连接（如在一个城市或大学校园的多个办公楼之间），而不必花费高昂的费用铺设光缆、铜质电缆和租用线路。常用的无线城域网技术包括 Lora、MESH 等，可以在几百米到十几公里范围内实现无线网络连接。国内也有 LPWAN 组织对接国际的技术标准组织。阿里集团也强力入住 Lora 技术体系的推广工作。

3. 无线局域网

无线局域网（WLAN）技术可以使用户在本地创建无线连接（如在家庭、公司或校园的大楼里，或在某个公共场所，如机场、宾馆、候车厅等）。1997 年，IEEE 制定出第一个无线局域网标准 802.11，数据传输速率为 2 Mbps。该标准的诞生改变了用户的无线接入方式。1999 年，IEEE 发布了 802.11b 标准，运行在 2.4 GHz 频段，传输速率为 11 Mbps。同年，IEEE 又补充发布了 802.11a 标准，工作频段是 5 GHz，最大数据传输速率 54 Mbps，在实际网络中可以达到 20 Mbps 的吞吐量要求。由于 2.4 GHz 频段已经被广泛使用（称为 ISM 频段，即工业装备、科学仪器和医学设备的辐射频段），采用 5 GHz 频段让 802.11a 具有更少冲突的优点。2003 年，与 802.11a 同样使用 OFDM 技术的 802.11g 产生，工作频段为 2.4 GHz，原始传输速率为 54 Mbps，净传输速率达到 24.7 Mbps。2008 年发布的 802.11n 具有重要影响，引入了 MIMO、安全加密、波束成形、空间复用等技术，传输速率达到 600 Mbps，可以同时工作在 2.4 GHz 和 5 GHz

的频段。2013 年发布的 802.11ac 引入了更宽的射频带宽（最大 160 MHz）和更高阶的调制（256-QAM），传输速率高达 1.73 Gbps。2015 年发布了 802.11ac wave2 标准，将波束成形和 MU-MIMO 等功能推向主流，提升系统接入容量。但是由于 802.11ac 仅支持 5 GHz 频段的终端，削弱了 2.4 GHz 频段的用户体验。2019 年发布了 802.11ax 的协议标准草案，主要引入上行 MU-MIMO、OFDMA、1024QAM 等技术，主要解决高密度场景下的用户吞吐量。

4. 无线个人网

无线个人网技术使用户能够为个人操作设备，如 PDA、智能电话和笔记本电脑等创建临时无线通信，距离为 10 m 左右的一个空间范围。主要为蓝牙“Bluetooth”、ZigBee 和红外线技术。红外线技术目前几乎绝迹了，蓝牙技术被广泛使用。在智能手机、笔记本电脑、智能音箱、可穿戴设备等的互联互通中大量使用。在室内定位应用中也大量使用蓝牙技术，即 ibeacon 定位技术。

蓝牙是由东芝、爱立信、IBM、Intel 和诺基亚于 1998 年 5 月共同提出的近距离无线数字通信的技术标准。采用分散式网络结构，以及快跳频和短包技术，支持点对点及点对多点通信，标准是 IEEE802.15，工作在全球通用的 2.4 GHz 的 ISM 频段，采用时分双工传输方案实现全双工传输。其目标是实现最高数据传输速度 1 Mbps（有效传输速度为 721 kbps）、最大传输距离 10 m，其上可设立 79 个带宽为 1 MHz 的信道，用每秒钟切换 1600 次的频率、滚齿方式的频谱扩散技术来实现电波收发。

ZigBee 是一种近距离、低功耗的无线通信技术。它以 IEEE 802.15.4 协议为基础，用全球免费频段通信，即全球通用频段是 2.400 ~ 2.484 GHz，欧洲频段 868.00 ~ 868.66 MHz，美国频段 902 ~ 928 MHz；传输速率分别为 250 kbps、20 kbps 和 40 kbps，通信距离的理论值为 10 ~ 75 m。其特点是近距离、低复杂度、低功耗、低数据速率、低成本，主要适用于自动控制和远程控制领域，可以嵌入各种设备。

四、自动识别技术

自动识别技术是物联网基础技术支撑体系的重要成员，近几十年在全球范围内迅猛发展，初步形成了一个包括条形码技术、磁条磁卡技术、IC 卡技术、光学字符识别、射频技术、声音识别及视觉识别等集计算机、光、磁、物理、机电、通信技术于一体的高新技术学科，是一种高度自动化的信息或数据采集技术。其核心的终端技术是 RFID 技术。

RFID（Radio Frequency Idenfication，无线射频识别技术）是一种非接触式的自动识别技术，其基本原理是利用射频信号和空间耦合（电感或电磁耦合）或雷达反射的传输特性，实现对被识别物体的自动识别。

RFID 系统至少包含电子标签和阅读器两部分。电子标签是射频识别系统的数据载体，由标签天线和标签芯片组成。依据电子标签供电方式的不同，可以分为有源电子标签（Active tag）、无源电子标签（Passve tag）和半无源电子标签（Sermi-passive tag）。有源电子标签内装有电池；无源电子标签没有内装电池；半无源电子标签部分依靠电池工作。依据频率的不同可分为低频电子标签、高频电子标签、超高频电子标签和微波电子标签。依据封装形式的不同可分为信用卡标签、线形标签、纸状标签、玻璃管标签、圆形标签及特殊用途的异形标签等。RFID 阅读器（读写器）通过天线与 RFID 电子标签进行无线通信，可以实现对标签识别码和内存数据的读出或写入操作。典型的阅读器包含有高频模块（发送器和接收器）、控制单元及阅读器天线。

五、条形码技术

条形码技术包括一维条码和二维条码，是在计算机应用实践中产生并发展起来的，广泛用于商业、邮政、图书管理、仓储、工业生产过程控制、交通等领域的一种自动识别技术，具有输入速度快、准确度高、成本低、可靠性强等优点，在当今的自动识别技术中占有重要地位。

一维条形码自20世纪70年代初期问世以来，很快得到了普及并广泛应用。但是由于一维条形码的信息容量很小，如商品上的条形码仅能容纳13位数字，更多的描述商品的信息只能依赖后台数据库的支持，离开了预先建立的数据库，这种条形码就变成了无源之水、无本之木，因而条形码的应用范围受到了一定的限制。基于这个原因，90年代以后发展了在水平和垂直方向皆能存储信息的条码，称为二维条形码（2-dimensional barcode），简称二维码。

二维条形码利用特定的几何图形按一定的码制以平面的黑白相间的图形记录数据，在代码编制上巧妙地利用"0""1"比特流，使用若干个与二进制相对应的几何形体来表示文字数值信息，通过图像输入设备或光电扫描设备自动识读以实现信息自动处理。它具有一维条形码的一些共性：每种码制有其特定的字符集，每个字符对应于一定的图形符号，具有一定的校验功能等；同时还具有对不同行信息的自动识别功能及处理图形旋转变化等特点。二维码能在横向和纵向两个方位同时表达信息，因此能在很小面积内表达大量的信息。

目前，国内主流的二维码以QR码为主，然后是DM码。QR码最初是为了方便手机上网而开发，目前已有很成熟的QR手机二维码市场应用，特别在日本已达相当的应用规模。DM码在韩国用户已突破了千万，也被证明是成功的模式。同时，DM码已在德国、乌克兰、奥地利、瑞士、意大利等国家应用。在中国，二维码刚开始应用的时候，QR和DM码并行，但是随着智能手机的普及和火车票实名制，QR码一枝独大。

六、定位技术

无线定位技术对于物联网系统应用是不可或缺的，它是通过对接收到的无线电波的一些参数进行测量，根据特定的算法以判断出被测物体的位置，测量参数一般包括传输时间、幅度、相位和到达角等，而定位精度取决于测量的方法。

室外定位技术发展很快，由原来的全球依托美国GPS，到目前中国北斗与

GPS 平分秋色。随着北斗卫星全部入轨运行，北斗已经实现了全球定位。目前的智能手机全部实现了全球定位，GPS 不再是单指美国的定位导航系统，而是成为全球导航定位的统称。当今 GPS 与无线网络融合形成的 LBS（基于位置服务），使得移动定位服务将成为物联网领域中最具潜力的应用之一。

物联网应用很大一部分是在室内，尤其是复杂环境的室内，如机场大厅、展厅、仓库、超市图书馆、地下停车场、矿井、车间、酒店、教学楼等环境中，常常需要载有位置信息的物品、人员、设施与装备等。之前专家提出了许多室内定位技术解决方案，如 A-GPS 定位、超声波定位、蓝牙技术、红外线技术、射频识别技术、超宽带技术、无线局域网、光跟踪定位及图像分析、信标定位、计算机视觉定位技术等。随着蓝牙技术的广泛使用和芯片的大量批产，室内定位技术性价比较高的为蓝牙技术。

蓝牙技术通过测量信号强度进行定位。这是一种短距离低功耗的无线传输技术，在室内安装适当的蓝牙局域网接入点，把网络配置成基于多用户的基础网络连接模式，并保证蓝牙局域网接入点始终是这个微微网（Piconet）的主设备，就可获得用户的位置信息。蓝牙室内定位技术最大的优点是设备体积小，易于集成在 PDA、PC 及手机中，因此很容易推广普及。理论上，对于持有集成了蓝牙功能移动终端设备的用户，只要设备的蓝牙功能开启，蓝牙室内定位系统就能够对其进行位置判断。采用该技术进行室内短距离定位时，易于发现设备且信号传输不受视距的影响。

室内定位精度比较高的为超宽带、光跟踪等技术，仅在特殊应用领域有应用，在大宗民用市场鲜见踪迹。

第三章 ····

物联网面临的问题

面对物联网广阔的应用前景，不得不认真思考和应对物联网面临的问题，如网络主权问题、地址管理问题、时间确定性问题、密钥使用和更新问题、传感器和控制器的身份确认问题等。本章参考了中国信息通信研究院《物联网安全白皮书（2018）》和北京神州绿盟信息安全科技股份有限公司发布的《2019物联网安全年报》。

第一节 物联网的时间敏感性问题及策略

物联网的英文为 Internet of Thing，缩写为 IoT，其核心意思为基于 Internet 的物物互联。Internet 脱胎于美军的 ARPNET，由 IEEE 802 标准进行定义，其中的 TCP/IP 协议是为了解决不同网络互联而开发的。该协议能够保证数据的正确性，但是不能保证时间的确定性。因此，在面对物物互联的物联网世界，必然出现时间敏感性问题，尤其是在工业互联网应用中。

为了解决物联网中的时间不确定问题，在智慧城市、智慧家庭等应用场景中，业内的一些专家们提出了“物联网开环应用”的理念，这样就无法做到闭环控制，达不到物联网应用的理想王国。

在物联网工业应用领域，涉及时间敏感问题的网络成为 TSN（Time Sensitive Network）时间敏感型网络。AVnu 联盟与 Broadcom、Cisco、Intel 和 NI 等成员公司合作，推动建立时间敏感型网络标准。

AVnu 联盟理事会成员和思科 IoT 解决方案架构师 Paul Didier 指出，"AVnu 等机构正在致力于通过制定标准促进以太网功能的扩展。TSN 的市场扩张和广泛部署将会使无数个行业和应用受益，而且对于实现由 500 亿个互联设备组成的 IoT 愿景至关重要。这些市场领导者的强强联合将确保对标准组件功能的长期支持。"

相比当今的标准和专用以太网协议，新的 TSN 标准将会带来无数的好处，包括可以达到 400 Gbps 的高带宽；对重要的控制网络进行了保护并集成了最重要的 IT 安全规定，增加了多层保护；通过使用标准的以太网组件，可无缝集成现有应用和标准来提高易用性；实现了大约数十微秒的确定性传输时间及数十纳秒的节点间时间同步。

第二节　物联网的设备地址问题及解决方法

根据物联网的定义，任何末端设备和智能物件只要嵌入了芯片和软件，就都是物联网的连接对象，可是如果要实现这些物件之间的信息传输，按照现在的技术，就必须给每个物体赋予一个 IP 地址，就像每张电话卡都对应一个号码一样。

而现行的网络全球协议是 IPv4，在这个网络协议中，IP 地址的数量极其有限，已经远远不能满足现代信息化的需求，因此，我们现在所用的上网 IP 大多是动态的，而无法做到为每个用户分配一个固定的 IP 地址。如果物联网时代到来，那时会有数以亿计的新设备连入网络，即使将现存的少数 IPv4 地址耗尽，还是无法满足日益增长的设备数量。而 IPv6 前缀的数量充足，因此没有 IPv6 地址空间的限制。

对于解决物联网的地址问题，可以采取以下几种方法：一是NATTT，全称为通过隧道跨越网络地址翻译（Network Address Translation Traversal through Tunneling），其实质为使用双IP对数据包进行封装；二是APN Tunnel方案（Access Point Name），即运营商为物联网终端使用特殊的APN，并且GGSN/PGW和物联网服务器之间可为物联网终端与物联网服务器之间建立VPN隧道；三是信令触发方式。3种解决地址问题方式的比较如表3-1所示。

表3-1 3种安全方式比较

方案	适用场景	优势	劣势	对现有网络的影响
NATTT机制	这种机制只适用于IPv4地址，如果使用IPv6地址，则不需要使用这种机制	解决IPv4机制下IP地址短缺的问题	对现有网络改动大；需要网络中使用NAT设备	MME/HSS/DNS网元都需要升级支持这个机制
APN Tunne l机制	适用于IPv4地址寻址，数据隧道安全保障	解决IPv4机制下IP地址短缺的问题，对3GPP没有影响，还可以满足行业用户数据安全保障的功能	需要物联网终端使用特殊的APN	GGSN/PGW和物联网服务器之间需要为APN建立VPN隧道
信令触发方式	适用于IPv4地址寻址，或物联网终端不存在PDP/PDN上下文的场景	无论物联网终端存在或不存在PDP/PDN上下文，都可以利用此方式寻址	需要通过信令触发方式将Trigger发送到物联网终端	物联网服务器需要构造Trigger发送到网络，网络要把Trigger发送到物联网终端

第三节　物联网的安全体系问题及安全策略

物联网安全事件频发，全球物联网安全支出将不断增加。当前，基于物联网的攻击已经成为现实。据 Gartner 调查，近 20% 的企业或相关机构在过去 3 年内至少遭受了一次基于物联网的攻击。为了防范安全威胁，Gartner 预测 2018 年全球物联网安全支出将达到 15 亿美元，比 2017 年增长 28%，预计到 2021 年物联网安全支出将达到 31 亿美元。

一、物联网的风险所在

1. 物联网系统直接暴露于互联网，容易遭到网络攻击

当前，大量物联网设备及云服务端直接暴露于互联网，这些设备和云服务端存在的漏洞（如“心脏滴血”“破壳”等漏洞）一旦被利用，可导致设备被控、用户隐私泄露、云服务端数据被窃取等安全风险，甚至会对基础通信网络造成严重影响。

从全球分布来看，路由器、视频监控设备暴露数量占比较高。路由器暴露数量超过 3000 万台，视频监控设备暴露数量超过 1700 万台。

其中，我国国产设备的暴露占比突出。在路由器方面，华为暴露设备数量最多，逾 900 万台，AVM、Technicolor、MikroTik、华硕、TP-Link 等 11 家厂商的全球暴露数量超过了百万规模。在视频监控设备方面，海康威视和浙江大华的视频监控设备暴露严重，其中，海康威视暴露设备总量超过了 580 万台，浙江大华、D-Link 等厂商的视频监控设备暴露数量也都达到了百万量级。

同时，我国暴露于互联网的路由器及视频监控设备数量排名全球前列，路由器数量超过 350 万台，仅次于美国；视频监控设备数量超过 240 万台，位居第一，其后分别为越南、美国、巴西、印度等。

此外，全球范围内采用 CoAP、XMPP 协议的云服务端暴露数量较高。暴露数量最多的 CoAP 服务数量接近 45 万个。

2. 物联网安全风险威胁用户隐私保护，冲击关键信息基础设施安全

通常来说，智能家居设备部署在私密的家庭环境中，如果设备存在的漏洞被远程控制，将导致用户隐私完全暴露在攻击者面前。例如，智能家居设备中摄像头的不当配置（缺省密码）与设备固件层面的安全漏洞可能导致摄像头被入侵，进而引发摄像头采集的视频隐私遭到泄露。2017 年 8 月，浙江某地警方破获一个在网上制作和传播家庭摄像头破解入侵软件的犯罪团伙，查获被破解入侵家庭摄像头 IP 近万个，获取大量个人生活影像、照片，甚至个人私密信息。2017 年 2 月 28 日，安全专家 Troy Hunt 曝光互联网填充智能玩具 CloudPets（泰迪熊）的用户数据存储在一个没有任何密码或防火墙防护的公共数据库中，暴露了 200 多万条儿童与父母的录音，以及超过 80 万个账户的电子邮件地址和密码。

3. 发起流量攻击，可严重影响基础通信网络的正常运行

物联网设备基数大、分布广，且具备一定网络带宽资源，一旦出现漏洞将导致大量设备被控形成僵尸网络，对网络基础设施发起分布式拒绝服务攻击，造成网络堵塞甚至断网瘫痪。2016 年 10 月 21 日，美国域名服务商 Dyn 遭受到来自数十万网络摄像头、数字录像机设备组成的僵尸网络高达 620 G 流量的 DDoS 攻击，导致美国东海岸大面积断网，Twitter、亚马逊、华尔街日报等数百个重要网站无法访问。同年，德国电信遭遇网络攻击，超 90 万台路由器无法联网，断网事故共持续数小时，导致德国电信无法为用户提供正常网络服务。

4. 各典型应用场景风险分析

随着物联网技术产品不断成熟，其潜力和成长性逐步凸显。物联网应用已经渗透到生产和生活的各个环节。本部分选取了全球物联网发展较快、应用较成熟的典型场景进行安全风险分析。

（1）消费物联网

消费物联网是以消费为主线，利用物联网智能设备改善或影响人们的消费习惯为目的生产、打造的智能设备网络。智能家居（包括智能家庭、家电等）是消费物联网最主要的消费级产品，同时智能穿戴设备，如手环、眼镜、便携医疗设备也是消费物联网的主要应用。消费物联网的应用场景贴近数量众多的终端销售者，容易催生黑色产业链。

近期，针对消费物联网的安全威胁事件日益增多，如英国某医疗公司推出的便携式胰岛素泵被黑客远程控制，黑客可以通过控制注射计量威胁使用者的生命安全。2017 年，日本国内出现多起针对智能电视的勒索病毒事件。我国国内也发生了多起黑客利用漏洞入侵并控制家用摄像头，并非法获取用户敏感视频对用户进行敲诈的安全事件。

（2）车联网

智能车联网通过车载智能设备同时实现与云端服务通信和与本地总线通信，实现通过手机应用对车辆进行远程控制的智能化需求。因此，接入车联网的车辆内部信息架构至少包括了行车信息总线和物联网／互联网两部分通信网络，这使得网关类组件安全也成为影响车联网安全的重要因素。伴随车联网智能化和网联化进程的不断推进，车联网安全已成为关系到车联网能否快速发展的重要因素。

（3）工业互联网

工业互联网在工业生产中的应用使工业生产活动开始呈现“数字化、智能化、网络化”的发展趋势，各个生产环节的互联互通成为新常态。这使得工业生产部分环节网络与外部网络互通，在提高效率的同时，可能引发并导致严重的安全事件。据不完全统计，我国工业互联网联盟 82 家工业企业的 ICS、SCADA 等工控系统中，28.05% 都出现过漏洞，其中，23.2% 是高危漏洞。总体来看，我国工业互联网安全态势比较严峻，工业控制系统和平台的安全隐患日趋突出，工业网络安全产品和服务适应性不高，工业互联网安全保障意识及能力亟待强化。

（4）产业物联网

产业物联网是使用“智能设备＋互联网”技术对已有的产业行业进行改进，解决以前无法解决的问题并大幅提高工作效率。例如，铁路运输系统使用智能闸机检票后，将以往需要多人检票的工作缩减为只需一两名引导员在旁指引旅客正确使用闸机，并且闸机的智能验票和一票一过机制，有效解决了逃票问题。

虽然产业物联网发展的初衷是为了解决行业痛点、提升运营效率，但是由于部分设备厂商缺乏安全经验，重视业务和成本而忽视安全，导致部分新设备投产后向已有业务系统引入了大量安全隐患。

二、未来的物联网安全

针对物联网未来发展可能面临的网络安全新形势和新需求，需要从规范行业安全管理、制定行业安全检测标准、构建新型有效的安全防护体系、探索和研究新技术新应用等多个维度着手，联合政府和行业力量，共同打造物联网安全生态，积极推动物联网安全健康发展。

1. 推动物联网安全技术标准落地及合规性检测

推动物联网安全技术标准落地实施，全面推广技术合规性检测，促进物联网产业良性发展。目前，国内已发布《物联网参考体系结构》《物联网　术语》《信息安全技术　网络安全等级保护基本要求　第4部分：物联网安全扩展要求》《信息安全技术　物联网安全参考模型及通用要求》等系列国家和行业标准，为设备厂商、服务提供商、安全企业等开展物联网相关工作提供了技术要求和参考规范。下一步要健全完善物联网安全标准体系，加快推动相关技术标准落地实施，全面推广技术合规性检测，进一步促进物联网产业健康良性发展。

2. 以攻促防推进物联网安全技术发展

密切关注物联网攻防技术发展趋势，以攻促防，建立适应物联网环境的安全防护机制。当前，针对物联网业务系统的攻击手段已经超出传统网络攻击范畴，攻击形式更加多样化，传统的防御手段难以满足日益增长的安全保护需求。为此，可从攻击的角度出发对物联网系统进行安全风险分析及检测评估，深入研究物联网应用系统可能存在的安全漏洞，以及针对这些漏洞的新型攻击手段，攻防结合，在完整攻击链条中寻找最佳防御点，采取针对性的防御技术，构建有效的物联网安全防护体系。

3. 构建物联网全生命周期立体防御体系

加强物联网全生命周期安全管理，构建覆盖物联网系统建设各环节的安全防护体系。在物联网业务系统规划、分析、设计、开发、建设、验收、运营维护及废弃等各个环节，明确安全管理规章制度并严格执行安全管理，使安全融入物联网系统建设全生命周期中。

在开发阶段，严格依据要求和规范进行系统软硬件开发及测试，并阶段性开展安全测试；在建设、验收阶段，严格执行安全管理，在系统建设完成后进行安全风险评估，保障安全防护的有效性和合规性；在运营维护阶段，定期进行安全风险评估，持续跟踪威胁情报和信息，改进安全管理和防护措施；在系统废弃阶段，做好残余信息清理工作，形成全生命周期安全防护管理体系。

4. 联合行业力量打造物联网安全生态

联合物联网产业链各方力量，共同打造物联网安全生态。物联网产业具有高度融合、应用多样、发展迅速等特点，其生态覆盖传感器元器件制造、设备集成生产、网络服务提供、软件服务提供、系统集成开发及销售等环节，安全问题更是涉及传感器、芯片、硬件、通信技术、网络服务及相关行业领域应用等方面，因此，构建开放、合作、共赢的安全生态圈是产业发展的必然趋势和要求。未来，我国需要从整机设备、核心芯片、安全运营服务等板块入手加快产业布局，形成产业链上下游协同创新的局面，推进产业转型升级，提升我国物联网安全产业核心竞争力。

5. 探索新技术在物联网安全领域的应用

加快探索物联网安全新技术新应用，满足不断发展的物联网安全防护新需求。随着物联网技术的发展和应用的创新，未来物联网在服务系统、终端、通信网络等方面都将面临巨大挑战。例如，如何有效管理百亿级别的多源异构终端设备，如何解决海量数据对网络带宽带来的挑战等。同时，也给物联网安全提出了更高要求。下一步，我们要着眼于物联网未来发展趋势，加快对去中心化认证、边缘计算、终端安全轻量化防护技术、软件定义边界等新技术新应用的研究和探索，将其应用于物联网安全防护中，满足物联网未来发展的安全保护需求。

第四节　物联网安全威胁案例

一、委内瑞拉和纽约的大规模停电事件

从2019年3月7日傍晚（当地时间）开始，委内瑞拉国内，包括首都加拉加斯在内的大部分地区，持续停电超过24小时。停电导致加拉加斯地铁无法运行，造成大规模交通拥堵，学校、医院、工厂、机场等都受到严重影响，手机和网络也无法正常使用。

就在委内瑞拉停电事件后的4个月，2019年7月13日傍晚6时47分，美国纽约曼哈顿中城与上西区也发生大规模停电，曼哈顿中心地带的时代广场、地铁站、电影院、百老汇等大片区域陷入黑暗，最严重时大约有73 000人受到影响。纽约市市长白思豪（Bill de Blasio）在媒体发布会上称停电的原因是某变压器起火。虽然，这次纽约停电不是一场人为恶意攻击，但同样为基础设施的安全性敲响警钟。

电力系统作为国家重要基础设施，关乎民生，更关乎国家安全。这几起电力领域的安全事件反映出传统工控系统接入互联网时存在的重大安全隐患，同样也说明以物联网、工业互联网为支撑技术的关键基础信息系统已经成为海陆空天外国家间对抗的重要战场。强化物联网设施和应用的防御和应急响应能力，保障国家安全，刻不容缓。

二、物联网僵尸网络再次发起大规模 DDoS 攻击

2019 年 7 月 24 日，网络安全公司 Imperva 公司表示，他们一个娱乐行业的 CDN 客户在 2019 年 4—5 月受到了大规模 DDoS 攻击。该攻击针对站点的身份验证组件，由一个僵尸网络领导，该僵尸网络协调了 402 000 个不同的 IP，发动了持续 13 天的 DDoS 攻击，并达到了 29.2 万 RPS（Requests per Second，即每秒请求个数，Imperva 用 RPS 衡量应用层 DDoS 攻击的大小）的峰值流量和每秒 5 亿个数据包的攻击峰值，这是 Imperva 迄今为止观察到最大的应用层 DDoS 攻击。经分析发现，这些攻击源与物联网设备有关。

自从 Mirai 源码 2016 年被公开后，出现了大量将各种新 CVE 利用加入武器库以加速传播的 Mirai 变种，也出现了很多物联网僵尸网络。分析出现该现象的原因：首先，物联网设备有数量多、分布广的特点，非常适合 DDoS 的攻击场景；其次，物联网设备生命周期长，且被恶意软件攻陷后，人机交互程度低，物联网设备一旦被攻陷，通常很长一段时间内很难被发现和清除，成为顽固的僵尸主机；最后，物联网设备不同于桌面机或服务器，没有杀毒软件等防护措施，更容易被攻陷。因此，多方面原因综合导致物联网设备逐渐成为 DDoS 攻击的主力，对 Mirai 等物联网僵尸网络的治理，需要设备厂商、运营商、用户等多方共同努力。

三、泄露代码暴露波音 787 系统中存在多个漏洞

在 2019 年的 Black Hat 黑客大会上，来自 IOActive 的研究人员公布了波音 787 部分组件的安全漏洞，研究人员声称利用这些漏洞可以对飞机的其他关键安全系统发送恶意指令，从而对飞机造成危害。泄露的波音 787 代码来自位于波音公司网络中的一台未加固的服务器，于 2018 年被安全研究人员发现。

早在 2015 年，就有研究人员在乘坐联合航空的航班时，对机上系统总线进行渗透。该研究人员通过自定义适配器连接到机上娱乐系统，并借此对飞行管

理系统进行入侵。虽然后面的调查显示这位研究人员并没有设法劫持或篡改飞行管理系统，但这起事件证明了针对飞机的入侵行为是可能的。

有相当数量的物联网系统和应用的开发者并没有安全编码的经验，有大量的物联网产品没有经过代码审计、安全测试等流程，这也是物联网安全问题频发、物联网设备安全防护水平低下的重要原因之一。

嵌入式设备与 PC、智能手机的系统架构不同，安全机制与漏洞缓解措施相对更少，一个很小的脆弱点就能够导致整个系统的安全性遭到破坏。与其他物联网设备一样，飞机中的信息和自动化系统同样也会遭到攻击者的入侵。而飞机一旦被攻击者控制，很可能带来灾难性的后果，需要我们慎之又慎。

从本事件得到的启发是，在开发的环节，团队应有良好的编程习惯与安全开发思想，在编译时开启必要的防护措施，都能够大大降低漏洞风险。从维护的角度上讲，在整个系统的多个节点上部署防护措施，实现纵深防御，也能够缓解系统单点被入侵后所造成的损失。

四、LockerGoga 的勒索软件疑屡次攻击工厂

2019 年 1 月 24 日，法国的 Altran Technologies 遭受了 LockerGoga 恶意攻击。2019 年 3 月 19 日，全球最大的铝生产商 Norsk Hydro 遭到黑客攻击，全球范围内的机器被恶意软件感染，导致部分机器无法运转，工厂生产方式由自动化转为手动，大大降低了其生产效率。2019 年 3 月 12 日，美国的两个化工厂 Hexion 和 Momentive 也遭受疑似 LockerGoga 勒索软件攻击。不到两个月，4 家欧美工厂便遭受了勒索攻击，这种破坏型的勒索软件，给企业带来了巨大的损失。2019 年 7 月 23 日，有报道称挪威铝厂的损失达到了 6350 万～ 7500 万美元，但具体损失无法准确给出，因为用来计算收益的计算系统也被勒索软件入侵。

不仅仅是 LockerGoga，其他勒索软件也对工业系统造成了重大损失，如全球第二大听力集团 Demant 被勒索造成损失达 9500 万美元；世界上最大的飞机

零部件供给商之一 ASCO，因其位于比利时扎芬特姆的工厂系统遭勒索病毒传染，导致该公司在德国、加拿大和美国的工厂被迫停产；2018 年台积电遭遇勒索软件袭击，导致损失超 17 亿元人民币。

勒索软件攻击计算机系统后，一般会加密重要用户文件，系统功能不受影响，以方便获利，但是 LockerGoga 会导致系统也无法启动，即便是支付了赎金，恢复成本也将变大。

在 2018 年的物联网安全年报中，台积电遭遇勒索被列入了年度安全事件，可见勒索软件攻击工厂问题层出不穷，破坏巨大。这从一个侧面反映出传统的工控系统已经越来越多地接入互联网，OT 系统与 IT 系统的融合使得工业控制系统不再是物理隔离。此外，随着工业互联网的兴起，工业设备与互联网业务打通已是必然趋势。无论是前述国家对抗，还是本事件显示的无差异广谱攻击，IT 系统的安全事件已经严重影响了工业系统的控制安全，很有可能造成生产安全事故。

本篇小结

本篇为背景知识和基础知识篇，主要介绍了物联网的发展历程、技术架构、技术特点及关键技术。本篇花了比较大的篇幅介绍了物联网面临的问题，以警示读者，在绚烂的背后有着严峻的形势。尤其物联网面对传感网几乎“裸奔”的状态，安全问题日益严重，已经造成了严重的后果。因此，在未来打造物联网应用时，要牢记安全这个底线，否则再美丽的高楼也是构建在沙滩之上，经不住风浪和潮水。

第二篇

物联网的现实应用

从智能建筑开始，物联网在中国的应用逐步展开。到了2009年迎来了国家的大力倡导，随之而来的是相应的机构成立、相关的标准制定、相关的产业扶持。到目前为止，物联网的现实应用涵盖了智能建筑、智慧社区、健康医疗、智慧城市、环保、能源、消防应急、军事等各个领域，对社会发展和人民生活质量提高起到了重要的推动作用。本篇详细介绍了物联网在各个行业的应用情况，也包括笔者所参与的国家科技支撑计划课题的一些成果。

第四章 ●●●●

从智能建筑与智能小区到智慧社区

智能建筑从20世纪90年代进入中国，到21世纪初又进入地产小区的建设，提升了弱电系统，称为“智能化弱电系统”。从2004年开始，笔者所在单位实施“一网通”“多网融合”理念下的智能小区设计，并于2006年列入住建部《全国智能化住宅小区系统示范工程建设要点与技术导则》三星级小区建设标准的必选项，也就是2009年的“物联网”。本章重点介绍智能建筑和智能小区的设计理念和技术。

第一节 智能建筑和智能小区在中国的发展历程

中国建筑智能化是逐步发展起来的，人们对工作和生活环境越来越高的需求，以及影响建筑智能化的信息技术的不断进步，构成了推动建筑智能化不断发展的主要动力，中国建筑智能化的发展历程大体可以分为3个阶段：起始阶段、普及阶段和发展阶段。

一、起始阶段

20世纪80年代末至90年代初，随着改革开放的深入，国民经济持续发展，综合国力不断增强，人们对工作和生活环境的要求也不断提高，一个安全、高效和舒适的工作和生活环境已成为人们的迫切需要；同时，科学技术飞速发展，特别是以微电子技术为基础的计算机技术、通信技术和控制技术的迅猛发展，为满足人们这些需要提供了技术基础。

这一时期的智能建筑主要是一些涉外的酒店等高档公共建筑和有特殊需要的工业建筑，其所采用的技术和设备主要是从国外引进的。这个时候人们对建筑智能化的理解主要包括：在建筑内设置程控交换机系统和有线电视系统等通信系统将电话、有线电视等接到建筑中来，为建筑内用户提供通信手段；在建筑内设置广播、计算机网络等系统，为建筑内用户提供必要的现代化办公设备；同时利用计算机对建筑中的机电设备进行控制和管理，设置火灾报警系统和安防系统为建筑和其中的人员提供保护手段等。这时，建筑中各个系统是独立的，相互没有联系。

这个阶段建筑智能化普及程度不高，主要是产品供应商、设计单位及业内专家推动建筑智能化的发展。政府的主要管理文件是《民用建筑电气设计规范》《火灾自动报警系统设计规范》等。

二、普及阶段

在 20 世纪 90 年代中期的房地产开发热潮中，一些房地产开发商在还没有完全弄清智能建筑内涵的时候，就发现了智能建筑这个标签的商业价值，于是“智能建筑”“5A 建筑”，甚至“7A 建筑”的名词出现在他们的促销广告中。在这种情况下，智能建筑迅速在中国推广起来，90 年代后期，沿海一带新建的高层建筑几乎全都自称是智能建筑，并迅速向西部扩展。可以说，这个时期房地产开发商是建筑智能化的重要推动力量。

在技术方面，除了在建筑中设置上述各种系统以外，主要是强调对建筑中各个系统进行系统集成和广泛采用综合布线系统。应该说，综合布线这样一种布线方式技术的引入，曾使人们对智能建筑的概念产生混乱，把综合布线当作智能建筑的主要内容。但它确实吸引了一大批通信网络和 IT 行业的公司进入智能建筑领域，促进了信息技术行业对智能建筑发展的关注。同时，由于综合布线系统对语音通信和数据通信的模块化结构，在建筑内部为语音和数据的传输提供了一个开放的平台，加强了信息技术与建筑功能的结合，对智能建筑的发展和普及产生了一定的推动作用。

所谓系统集成就是将建筑各个子系统集成在一个统一的操作平台上，实现各系统的信息融合，协调各个系统的运行，以发挥建筑智能化系统的整体功能，实现建筑智能化各子系统的信息共享，可以提升智能化系统的性能。但追求智能建筑一体化集成，不仅难度很大，而且增加了智能化系统的投资。因此，业内主要观点是以楼宇自控系统为主的系统集成和利用开放标准进行系统集成。

这一时期，政府有关部门也加强了对建筑智能化系统的管理，2000 年，建设部出台了国家标准《智能建筑设计标准》；同年，信息产业部颁布了《建筑与建筑群综合布线工程设计规范》《建筑与建筑群综合布线工程验收规范》，公安部也加强了对火灾报警系统和安防系统的管理。建设部还在 1997 年颁布了《建筑智能化系统工程设计管理暂行规定》，规定了承担智能建筑设计和系统集成的单位必须具备必要的资格。2001 年，建设部在 87 号令《建筑业企业资质管理规定》中设立了建筑智能化工程专业承包资质，将建筑中计算机管理系统工程，楼宇设备自控系统工程，保安监控及防盗报警系统工程，智能卡系统工程，通信系统工程，卫星及共用电视系统工程，车库管理系统工程，综合布线系统工程，计算机网络系统工程，广播系统工程，会议系统工程，视频点播系统工程，智能化小区综合物业管理系统工程，可视会议系统工程，大屏幕显示系统工程，智能灯光、音响控制系统工程，火灾报警系统工程，计算机机房工程等 18 项内容统一为建筑智能化工程，纳入施工资质管理。

三、发展阶段

中国对智能建筑的最大贡献是住宅小区智能化建设。20世纪末，在中国开展的住宅小区建设是中国独有的现象，在住宅小区应用信息技术主要是为住户提供先进的管理手段、安全的居住环境和便捷的通信娱乐工具。这和以公共建筑如酒店、写字楼、医院、体育馆等为主的智能大厦有很大的不同，住宅小区智能化正是信息化社会人们改变生活方式的一个重要体现。推动智能化住宅小区建设的主角是电信运营商，他们试图通过投资建设一个到达各家各户的宽带网络，为生活和工作在这些建筑内的人们提供所需要的各种智能化信息服务业务，用户通过这个网络接受和传送各种语音、数据和视频信号，满足人们信息交流、安全保障、环境监测和物业管理的需要。以此网络开展各种增值服务，如安防报警、紧急呼救、远程抄表、电子商务、网上娱乐、视频点播、远程教育、远程医疗，以及其他各种数据传输和通信业务等，并以这些增值服务来回收投资。

建设部住宅产业化促进中心于1999年年底颁布了《全国智能化住宅小区系统示范工程建设要点与技术导则（试行稿）》，计划用5年时间，组织实施全国智能化住宅小区系统示范工程，以此带动和促进我国智能化住宅小区建设，以适应21世纪现代居住生活的需要。信息产业部于2001年出台了《关于开放用户驻地网运营市场试点工作的通知》《关于开放宽带用户驻地网运营市场的框架意见》。计划在13个城市首先开展宽带用户驻地网运营市场开放、管理试点工作，摸索出行之有效的管理办法、技术标准，进而在全国推广，进一步推进中国的宽带建设。虽然文件将宽带驻地网运营定义为基础电信业务，但也规定了宽带用户驻地网运营许可证的发放将比照增值业务许可证的发放方式来管理。这些文件是目前对住宅小区智能化进行管理的主要文件。

第二节 “多网融合”技术与物联网

随着智能小区建设逐步开展，传统技术路线的弊端渐渐暴露出来，即线路过于复杂、后期维护困难、系统无法升级。2004 年开始，网络技术的发展催生了一网通“多网融合”技术的出现，物联网技术雏形已经展现。

一、多网融合技术原理

传统的智能化系统是由多个纵向子系统构成，独立布线，在进入中心后才能构成相互关联关系（图 4–1）。系统可靠运行管理难度较大，运营费用较高。

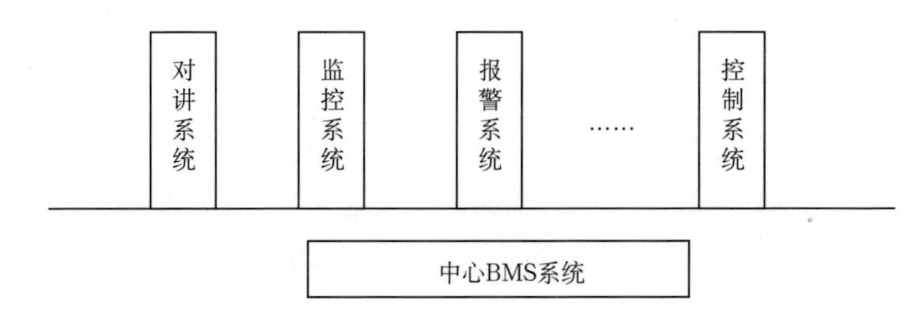

图 4–1 传统的智能化系统示意

多网融合系统结构则变为 3 层横向结构，简化了系统结构，可以做到各种产品协议经过多媒体平台实现兼容，具有末端产品的可互换性，并且机房的位置变得不敏感，也有利于今后的维护和管理（图 4–2）。

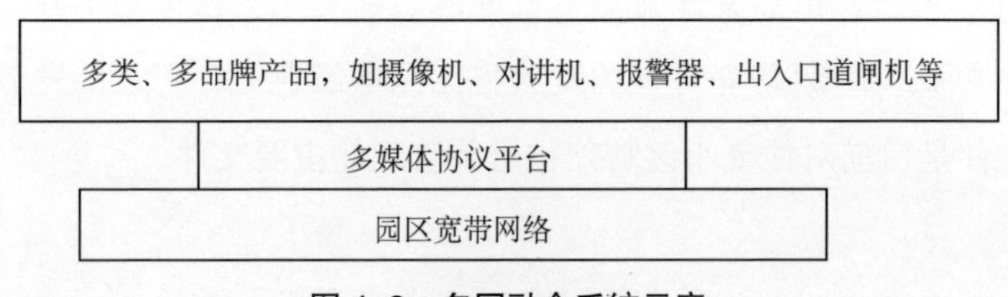

图 4–2 多网融合系统示意

“多网融合”技术有两个层面的含义：一是基于 IP 协议的控制网与信息网

的“接入融合”；二是各个子系统信息间的“内容融合”。基于 IP 协议是实现接入融合的基础，而要实现内容融合还要由高层管理软件进行系统联动和系统融合，才能最大限度地发挥系统效能。当时，一些厂家已经看到基于 IP 协议的优势，开发出了可以直接上网的对讲系统、门禁系统和楼宇控制系统，但是在协议上它们仍然各自为战，没有实现开放和统一，所以只能做到“接入融合”，而在系统建设过程中，为了分清责任，还要各自铺设局域网线路，又走到了传统的老路子。所以，要实现多网融合，就必须从设计这个源头抓起。

二、多网融合技术的思想基础

以往的智能化设计都是以功能为先导，由集成公司、开发商、工程师和管理者按照自己的想象或者已有产品的功能为园区设计出一套系统，这称为“功能论”。这种方式是智能化功能的“前设计”，功能与产品系统关系紧密，建设完成后功能已经确定，不能够随着业主的要求而变化。

而多网融合系统采用“元素论”设计理念，采取智能化功能“后设计”思想，功能与产品系统关系不紧密，在使用过程中可以通过系统集成管理软件的提升而提升系统功能。所谓的“元素论”，即将园区智能的设备抽象称为“元素”，看在设计的时候这些元素是否具备。就像人的有机体，只要元素齐备可以自然发育成人。人体的元素包括输入元素（眼—视觉、耳—听觉、舌—味觉、皮肤—触觉等）、输出元素（手、足、脖、头、躯干等，做出各种动作）、传输系统（血脉和神经）、指挥系统（大脑）。人的动作水平是后天学习和锻炼的结果。人们从出生的婴儿开始，经过不断地学习和锻炼，逐步长大成人，从幼儿园到小学，再到中学、大学，直到读完博士参加工作。没有哪个家长会计划未来孩子一生下来就要成为博士。

对应智能化系统，其输入元素包括视觉（摄像机、图像识别）、听觉（话筒）、感觉（报警探测器等）；输出元素包括道闸机、吐卡机、云台、灯光、电梯控制等，联动做出各种动作；传输系统是园区光纤宽带网；相当于人大脑的指挥系统是集成一体化管理系统软件（IBMS）。这样的智能化系统一定会随着居住过程中业主的需求和物业的要求而不断升级和变化。

元素论的抽象化模型如图 4–3 所示。模型分 3 层，称为“元素化的输入系统”“智慧化的思想系统”“人性化的输出系统”。其中下层为输入元素，根据园区智能化的特点，将音频和视频采用视频、语音采集器抽象为音、视频元素，将园区内的其他信号抽象为模拟量和数字量。这些元素在人工智能、专家决策分析、数据挖掘等系统的支持下，实现智慧的图像交互、语音交互、机机交互和人机交互。这也是智慧社区的抽象技术模型。

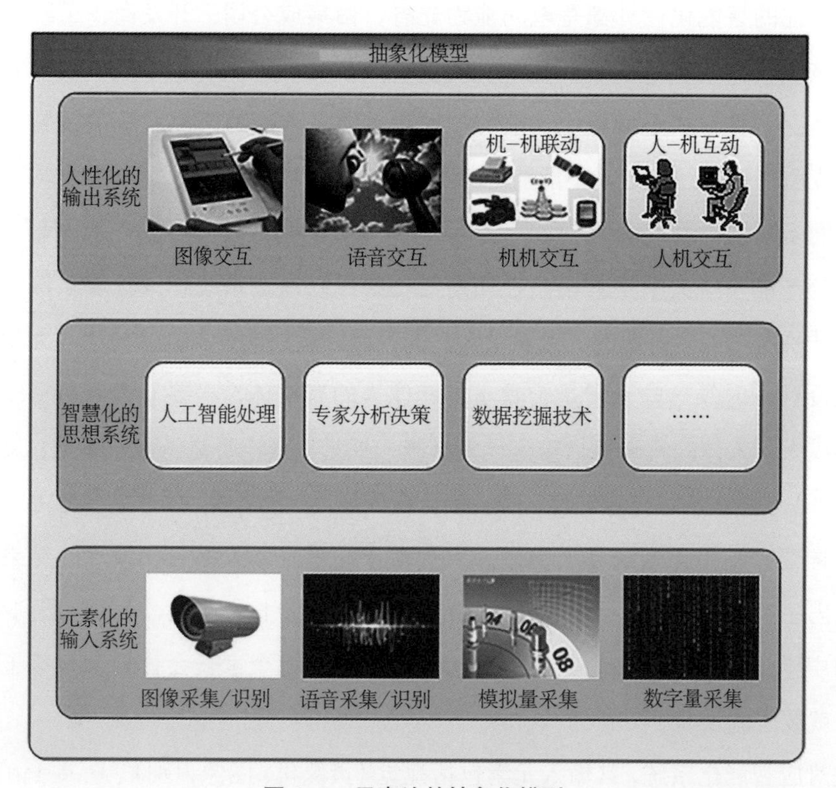

图 4–3 元素论的抽象化模型

第三节　物联网与智能建筑集成一体化

有了基于 IP 接口的接入融合，再加上各厂家的协议互通，则可以打造出智能建筑一体化管理系统，即 IBMS。2004 年，在浙江东阳海德国际社区实践光纤入户，并以此为基础实践“多网融合”技术。在 2006 版的《全国智能化住宅小区系统示范工程建设要点与技术导则》中，正式将“多网融合技术”作为三星级小区的技术要求，标志着物联网实体技术在智能小区建设中已经落地。

一、系统组成

2004 版的智能建筑集成一体化系统（IBMS2004）由四大部分组成：保安监控联动子系统、物业设备管理子系统、系统管理子系统和终端安全管理子系统（图 4–4）。其中终端安全属于人员管理技术要求，在此不做介绍。

图 4–4　智能建筑集成一体化系统主界面

1. 保安监控联动子系统

保安监控联动子系统涉及视频监控、报警探测、可视对讲、周界防越和出入口管理等几部分，是保安值班的重要手段。由于保安人员素质参差不齐，所以子系统设计需要各个部分联动起来，自动判断情况，下达指令，不需要太多的人工干预。

保安监控联动子系统需要的功能包括：视频监控模块、报警探测联动模块、可视对讲联动模块、出入口车辆管理模块、周界防越联动模块、巡更管理联动模块、门禁控制模块。

2. 物业设备管理子系统

物业设备管理子系统主要涉及物业管理所需要的“一卡通”、停车场、远程抄表、公共设备检测、智能化设备自维护等。物业通用管理子系统可以市场采购，但是需要开放数据库资源，便于其他部分共享数据。

主要功能包括：卡管理模块、公共设备监测模块、停车场管理模块、抄表管理模块、智能化设备维护和升级模块、考勤管理。

3. 系统管理子系统

系统管理子系统主要对设备和基础数据进行管理，还要制定报警联动策略、图像存储策略、停车场管理策略等，主要供系统维护人员使用。

主要功能包括：系统设置模块、业主信息模块（可以与物业管理数据库共享数据）、设备管理模块、抄表后台管理模块、资费管理模块、卡后台管理模块、报警联动管理策略模块、图像存储管理策略模块、停车场管理策略模块、业主车牌管理模块（可以放在业主信息模块）、出入口管理策略模块、设备指令解析模块、巡更管理设置模块、操作人员管理模块。

二、部分功能描述

1. 视频监控模块

视频监控系统采用网络摄像机，可以用硬解码的数字化视频矩阵在由监视器组成的监控墙上显示，也可以在由显示器组成的监控墙上显示。主控界面上有监控点的设备列表，可以修改设备名称，以方便观看。可以设置多种监控轮询画面，执行多种监控机制。同时可以设置切换的画面顺序和时间，有权限时能够观看任何时间的图像记录。视频监控管理与调度界面如图 4–5 所示。

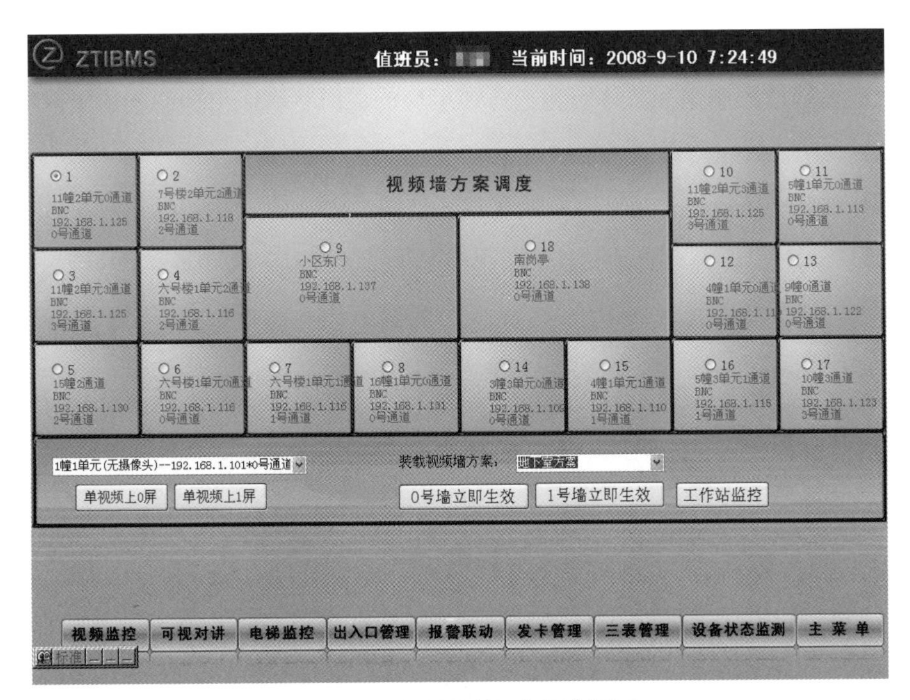

图 4–5　视频监控管理与调度界面

2. 可视对讲门禁联动模块

门禁可视对讲采用基于公网的可视对讲系统，室内分机利用电视机顶盒、智能手机、固定电话等。在 IBMS 系统界面上主要实现出入口与中心的呼叫、监控出入口的主机和呼叫业主。

另外，还具有访客图像采集与存储功能。在访客呼叫业主时就将其面部图像采集存储到云端，以便在发生案件时有助于案件的侦破。对访客进行有效管理也是社会治安、反恐防暴的需要，可以为政府提供外来人员管理的数据。

门禁系统与物业的“卡管理模块”联动，对于没有带卡又忘记密码开锁的业主，呼叫中心后，中心可以远程开锁，记录开锁信息并可以查看。

3. 电梯紧急求助可视对讲

随着城市生活水平的提高，电梯使用量越来越大，随之而来的就是电梯故障频出，致人伤亡事故时有发生。虽然每个电梯厂家都配置了电梯紧急按钮，也有部分厂家对电梯状态实现了监测，但是由于接口不统一，没有实现联网，政府主管部门无法掌握总体态势和每部电梯的运行状态。电梯出现故障时的报警处理也缺乏统一的调度和指挥。

针对这种情况，IBMS 2004 版在社区安防模块中研发并实现了“城域电梯联网管理系统”，并在杭州和苏州两个小区进行了试点，效果显著。系统包括：电梯内的紧急求助可视对讲子系统、应急调度系统、电梯状态监测子系统、电梯维护保养管理系统 4 个模块。电梯紧急求助可视对讲系统结构如图 4–6 所示。

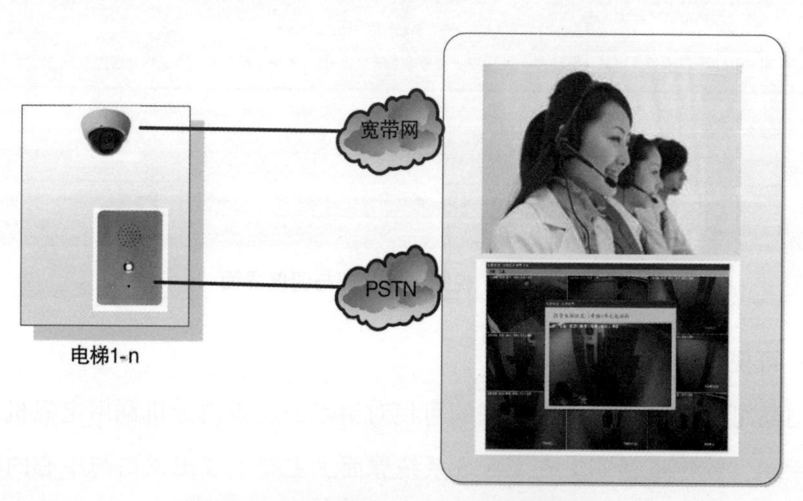

图 4–6　电梯紧急求助可视对讲系统结构

功能介绍如下。

(1) 电梯内的紧急求助可视对讲子系统

在每部电梯内安装公共电话“一键呼”和网络摄像机，并实现语音和图像联动。当发生故障有紧急求助报警时，自动弹出对应电梯视频，并显示呼叫电梯的具体地址，同时电话振铃，电话摘机可以进行视频通话，电话挂机则弹出界面自动消失。紧急求助时的软件界面如图 4–7 所示。

图 4–7　紧急求助时的软件界面

（2）应急调度系统

以应急管理和指挥系统平台为基础实施电梯故障救助管理，包括应急调度、应急资源、应急预案评估和应急培训。将出现故障的电梯情况视频发送到前往救助人员的手机上。

（3）电梯状态监测子系统

目前已经和一些电梯厂家实现了电梯状态监控的接口，可以实时观察到每部电梯的运行状态，包括自动 / 手动、上行 / 下行、层数、故障、消防等状态，为掌握电梯运行状态提供第一手材料。当发生故障报警时，可以短信通知维修人员。电梯状态监测界面如图 4–8 所示。

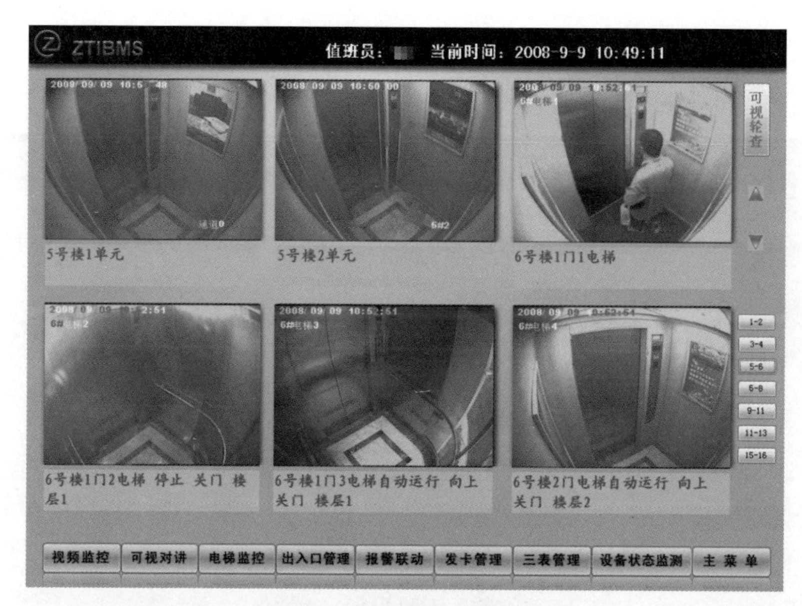

图 4–8 电梯状态监测界面

(4) 电梯维护保养管理系统

针对数量众多的电梯，建立电梯健康档案，及时提醒对电梯进行保养，包括打印派工单、短信通知维修人员、对维修情况进行跟踪、通知报废等功能，实现电梯全生命管理。电梯维保管理系统如图 4–9 所示。

4. 地下车库紧急求助系统

在城市建筑体中，往往修建有地下车库。商业区的地下车库由于来往人员较多，一般会有工作人员，而社区内的地下车库一般没有值班人员。同时，照明不好、手机信号不好、车辆不好找都是这种建筑物的通病，极易发生治安事件。因此，针对这种需求，IBMS 系统采用非可视对讲单门主机，联动地下车库的网络摄像机和灯光，形成地下车库紧急求助可视对讲系统。当居民遇到紧急情况时，找到安装在柱子上的对讲机（有闪烁的警灯），在监控中心就能看到与这个位置相关的几个画面，并可与之通话。其基本原理与电梯紧急求助可视对讲系统是一样的。地下车库紧急求助可视对讲报警联动界面如图 4-10 所示。

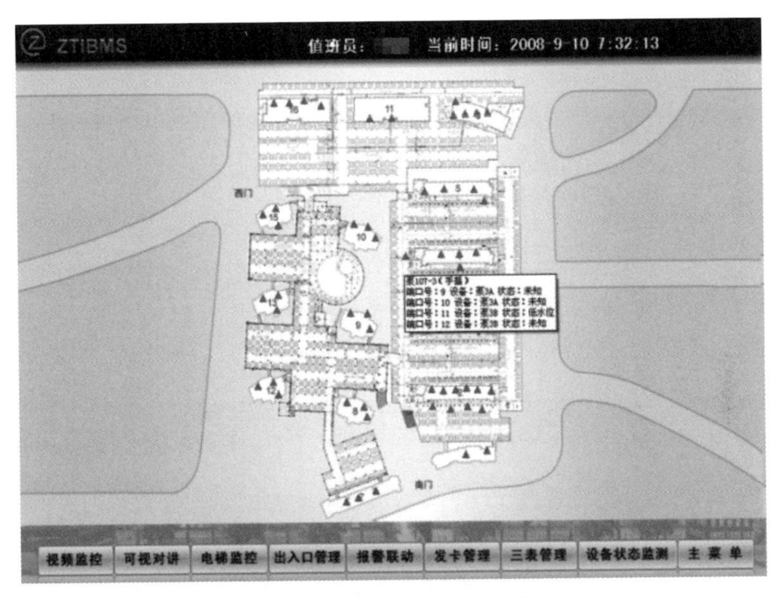

图 4-9　电梯维保管理系统

图 4-10　地下车库紧急求助可视对讲报警联动界面

5. 出入口车辆管理

车辆出入口采用了车牌识别仪，实现对进出车辆的图片和车牌进行记录。如果是社区居民的车辆，直接抬杆放行；如果是访客车辆，可以直接缴费，也可以记录到业主的账下。

由于采用了车牌识别仪，实现了访客车辆的预约。当业主有访客时，电话通知监控中心，报告车号。当预约的车辆到达时，道闸自动抬杆，并显示出地下停车场的车位，如果发生费用自动记录到业主账下。车牌识别出入口监控界面如图 4-11 所示。

图 4-11　车牌识别出入口监控界面

6. 报警联动模块

社区内会经常安置一些报警传感器，但是一般没有与视频监控联动，当发生报警时，需要派人去查看。有时候周界中的树枝晃动或者大型动物都会触发报警器，多次误报以后，有的保安就会把报警器给关掉了。

IBMS 系统将报警传感器与网络摄像机联动。当报警传感器触发时，立即将与这个位置相关的视频监控与报警位置显示出来。如果是误报，则有“误报”按钮，如果确实有情况则派人处理。报警联动模块界面如图 4–12 所示。

图 4–12　报警联动模块界面

7. 公共设备监测与控制模块

社区内的公共设备包括电梯、上水泵、污水泵、空调、风机、公共区位灯光等。通过物联网采集和控制平台，能够对所有设备进行有效的监测和控制。通过该模块的数据采集可以了解电梯、空调、泵、灯等设备所处的状态。当需要控制时，可以采用手动或者自动方式。

IBMS 系统采用电子地图对所有设备进行标注，点击想了解的位置即显示出所有设备的运行状态，如图 4–13 所示。

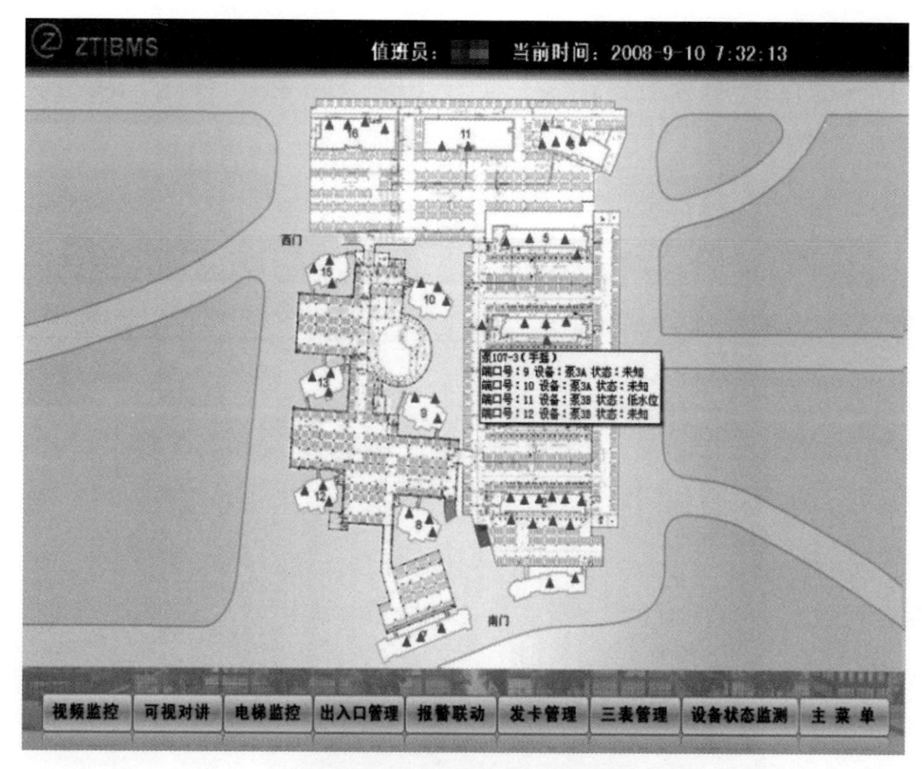

图 4–13　机电设备监控模块界面

8. 抄表管理模块

为了实施社区能源管理，在 IBMS 系统中还有远程抄表模块，对水、电、气、热等表具数据进行采集。当发出抄表命令时，可以取得所有表具在某一时间的数据；当发出计算命令时，可完成对于各种数据所对应费用的计算；当发出传送命令时，则通过可视对讲的信息发布功能或者机顶盒发布到每家每户。

对于能源使用的异常情况进行处理和发布，这对于能源有效利用具有积极的意义。异常情况发生的原因可能是电器老化或者水管的跑冒滴漏等。远程抄表管理中心界面如图 4–14 所示。

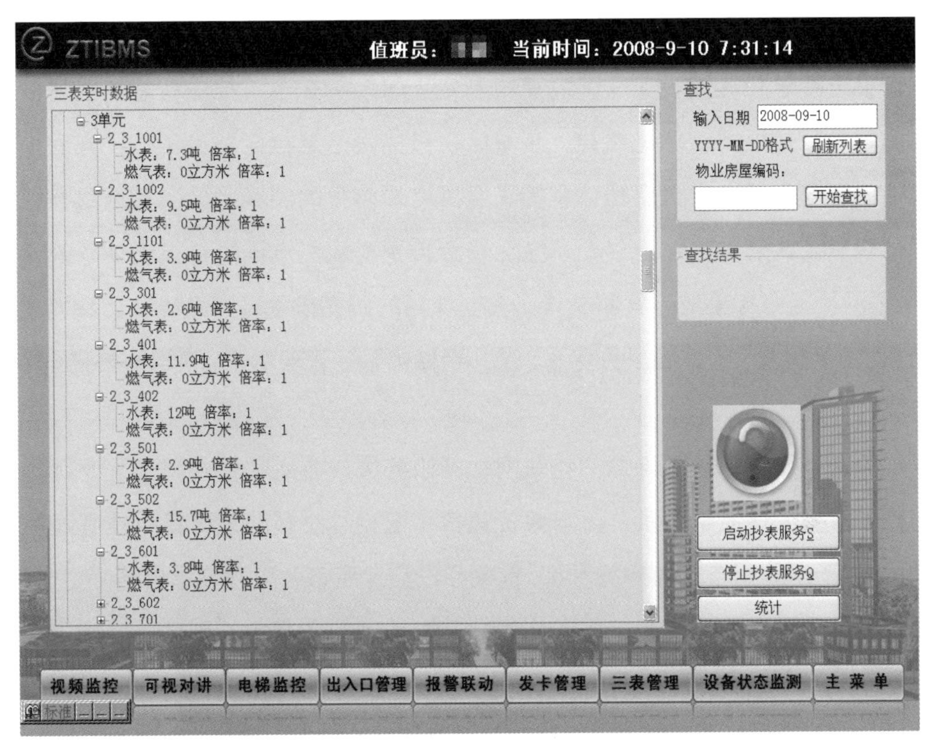

图 4-14　远程抄表管理中心界面

第四节　智慧社区与物联网

随着智慧城市的提出，智慧社区建设也提上了议事日程。科技部于 2012 年安排了物联网民生应用的专项，即“物联网社区服务集成方案研究”，就是所称的“智慧社区”。本节以笔者单位承担的国家科技支撑计划课题为基础，介绍物联网在智慧社区方面的应用和运作模式。更详细的内容请参考国防工业出版社 2015 年出版的《物联网社区服务集成方案和模式研究》一书。

一、智慧社区的建设背景

为贯彻落实《智慧北京行动纲要》《北京市“十二五”时期社会建设信息

化工作规划纲要》《北京市“十二五”期间社区信息化建设指导意见》等文件精神，积极推进智慧社区建设工作，北京市制定了《关于在全市推进智慧社区建设的实施意见》。根据该意见精神，东城区积极实践智慧社区建设工作，先后推出网格化管理、城市安全管理体系等在全国有影响力的实践经验。在运用物联网进行智慧社区建设的过程中，东城区结合自身实践引进国家科技支撑计划课题“物联网社区服务集成方案和模式研究”课题的研究成果，探索结合社会力量实现“对结果负责”的社区服务体系，提升网格化服务管理水平，实现网格化（3.0）的社区服务。

国家科技支撑计划课题“物联网社区服务集成方案和模式研究”课题组由解放军信息工程大学负责，参与单位包括中国科学院和北京纵通科技有限公司等。该课题以北京市作为研究对象，前期经过与北京市社工委等单位的密切合作，集成了全国众多的优秀社区服务应用软件和适宜社区服务的硬件，提出了“对结果负责”的社区服务体系。该体系包括了社区生、病、老、死的诸多刚性需求，以社区安全作为起点和突破口，实现居民自治和政府有限责任。

二、智慧社区的内涵与外延

1. 社区的定义

关于“社区”的定义，2000年“两办”曾经发文进行了明确。随着时代的发展，这些定义有了新的诠释，如图4-15所示。笔者将“社区”分为两大类：实体社区和虚拟社区。实体社区又分为城市社区和农村社区，而在城市社区中又分为行政社区和地理社区。行政社区是指由街道和居委会组成的社区，地理社区是指由开发商和物业公司管理的社区。虽然这种分类方法与“两办”的定义不完全一致，但是这是现实情况，这两类社区存在着交叉和重叠的现象。我们在东城区的试点是实体社区中的城市社区，又进一步归为行政社区。

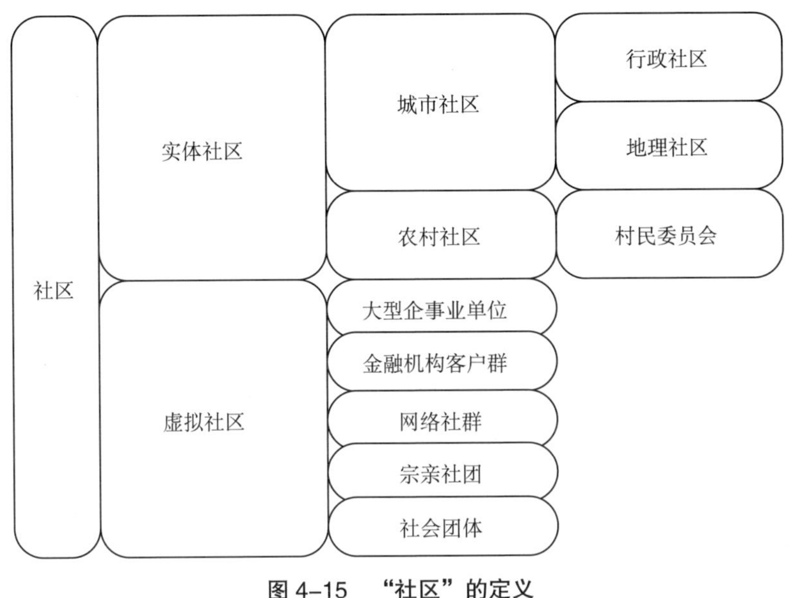

图 4-15　“社区”的定义

虚拟社区包括大型企事业单位的职工群体、金融机构的客户群体、网络社群、宗亲社团和社会团体等。这类社区在原有定义中是不包含的，但是随着网络技术的发展，这类社区也已经成为不可忽视的力量，也产生着巨大的社会和商业价值。

2. 内涵和外延

课题的成果为“全生命周期对结果负责的社区管家服务”，诠释了试点项目的内涵和外延。内涵是提供“对结果负责”的社区管家服务，外延是围绕着生、病、老、死的刚性需求展开，不涉足社区上已经开展的商业服务。

“全生命周期”是指人生必须经历的生、病、老、死这个过程。这个过程形成的需求是社区服务的基础刚性需求。“生”即为生存，解决吃、住、行的安全和便捷；“病”即为建立社区健康服务体系，力图做到使居民不生病和少生病；“老”即为建立社区居家养老模式，重点解决紧急求助和长期照护问题；在“死”的过程中，提供临终关怀对接和网上殡葬。

“对结果负责”是指设计的每一项服务都能够尽量保证好的结果，对于出现的意外情况加以赔偿。

"管家服务"是指建立新的运营体系，利用社区内的"4050"下岗再就业人群，经过专业培训为社区居民进行管家式、一站式服务。

三、智慧社区建设内容

互联网＋社区管家服务是国家科技支撑计划课题"物联网社区服务集成方案和模式研究"（2012BAH15F02）的技术成果和模式试点项目，是北京市"智慧社区"建设示范项目，也是北京市东城区网格化社会服务管理升级版的试点项目，旨在利用互联网、物联网、通信、计算机等技术，在政府、金融、保险等机构的支持下，解决社区居民在生存、健康、养老、往生（即俗称的生、病、老、死）4 个方面的刚性需求，运用"一云、一门、一车"3 项技术手段，服务城市和农村两类社区，达成为社区居民提供全生命周期对结果负责的社区管家服务的目标，即"4321"模型。

实施内容围绕着社区的刚性需求展开，如图 4–16 所示。

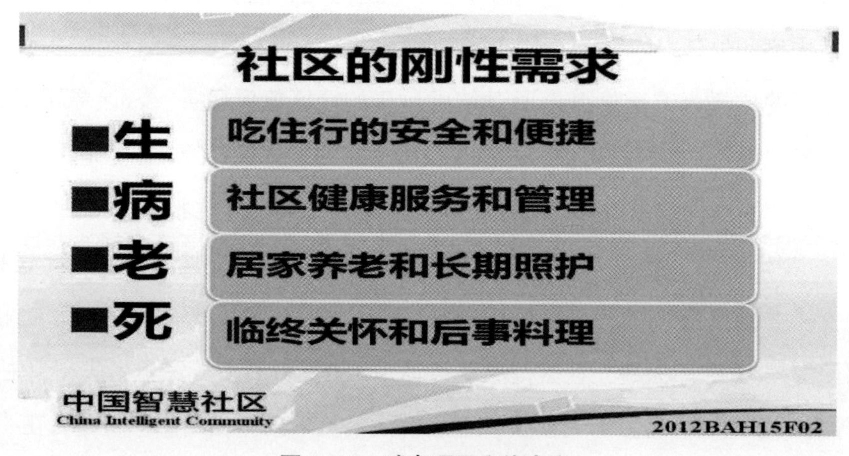

图 4–16　试点项目实施内容

"全生命周期"是指服务于社区居民从出生到死亡的全生命周期。在长期生存过程，为社区居民提供吃、住、行的安全与便捷；在健康方面则通过健康监测、健康教育、健康干预达到使人们少生病或者不生病；在养老阶段，重点解决社区居家养老的共性问题，如紧急求助、长期照护等；在往生时刻，帮助提供临终关怀、网上祭奠和家谱修订等服务。

“对结果负责”是指设计的每一项服务都能够尽量保证好的结果，对于出现的意外情况加以赔偿。例如，社区安全服务应能够保证居民财产和人身的安全，财产不被盗，人身不受到伤害。而一旦发生意外，则对财产和人身伤害给予赔偿。

“管家服务”是在社区服务协会组织内吸纳社区内的创就业群体，运用“一棵树”的智慧，集成社区所需的各种服务，在技术、保险和金融工具支撑下为社区居民提供管家式、一站式服务，建立新的、可持续运行的运营体系。

提供“对结果负责”的互联网＋社区管家服务，对社区的建设和服务分为多期实施。

第一期提供以下设施设备改造和服务：

①对既有住宅小区的可视对讲门禁管理升级改造，实现基于公网的可视对讲门禁服务。可视对讲门禁系统能够对进出的访客进行记录，采集流动人口数据，并通过面部特征与数据库进行比对，有效防止非法组织、恐怖组织在社区的发展。对于社区的日常服务和养老服务也起到了安全管理的作用，防止了临时起意的犯罪发生。同时，可视对讲的屏幕可以为社区政府提供宣传平台，播放通知和正能量宣传片。

②对视频的安全升级，包括采用高清摄像机和宽光谱摄像机，对任何天气条件下的社区活动进行监控（夜间、烟雾天气等），弥补了现有视频监控系统的不足。

③为居民提供手机视频服务，提高社区居民安全自治能力。

④对出入口和停车场管理系统的改造，实现车牌自动识别和错峰停车管理，提高园区内停车场使用效率，并可以查找嫌疑车辆。

⑤社区应急和安全移动服务，在社区部署移动应急方舱，集成了应急指挥

设施，用于重大自然灾害的应急指挥、日常的安全防控和居民日常的紧急事务处理。

⑥社区健康服务，在社区的应急方舱中集成无创健康检测设备，为居民提供日常的身体检查服务，弥补社区医疗服务中心的不足，做到“平战结合”。

⑦便民的便捷服务，导入社区服务资源和产品资源，提供对结果负责的社区便民服务。

⑧社区数据单向导入政务网。采用可见光单向传输技术，将社区采集的安全数据、健康数据等单向传输到政务网，实现两个不同密级网络之间的数据安全传输。

第二期提供以下设施设备改造和服务：

①四表集抄公共计量和能源管理，为公共事业服务单位、政府和居民提供水、电、气、热的实时能源计量和管理，使服务单位可以计量收费，政府掌握能源数据，百姓明白消费和提升节能意识。采用国家电网的短程无线热点，在现有电力抄表的基础上，增加其他表计的抄收，充分利用资源。

②社区用电和用气安全管理与监测。在原有的社区用电和用气安全监测的基础上，扩大实施范围和规模，基于云计算体系将工程变为服务，服务到居民家中，采用智能插座和燃气检测与关断系统实现用电和用气对结果负责的安全服务。

③提供健康干预服务。通过第一阶段健康档案的建立，运用大数据对居民健康进行综合分析，得出需要干预的人群，引入专业机构对居民的生理健康和心理健康进行干预，实践对结果负责的社区健康服务。

④居家养老服务的规模化。运用技术手段建立没有围墙的养老院，即居家养老服务模式，使居家养老的老年人享受到与养老院一样的医疗和生活照护。

第三期提供以下设施设备改造和服务：

①基于可见光通信的商业导入。

②基于可见光通信的室内定位技术示范。

③电梯远程监测与控制系统。

④加梯改造试点。

⑤家居智能的服务试点。

所有的基础设施利用社会资金先行进行建设，政府许可并给予一定的资金扶持和后补贴。由社会力量寻求社区服务的商业模式，所记录的数据提供给社区管理机构和公安机构。

在模式上采取“对结果负责”的“管家”服务，即当地的“电子管家”运营服务公司收取安防服务费（来自社区政府或居民家庭），运用技术和人工手段尽量保证社区内居民家庭财产和居民的人身安全不受到伤害，若发生财产被盗和人身伤害案件，对出现的结果承担赔偿责任（初步拟定盗窃案件和火灾最高赔偿 10 万元，人身伤害最高赔偿 100 万元）。

在此基础上，运用物联网手段对于居家养老过程中的紧急求助报警、日常照护、养老互助进行全过程管理，提供令子女放心的“准儿女”居家养老服务。更深入的服务包括依托电子管家服务公司和金融机构开展的“社区健康保障计划”“社区放心食品户—户供应计划”等。

第五章 ◉◉◦•

物联网在安防行业的发展

近年来，随着世界安全格局的改变，公共安全受到人们的广泛关注，使得智能安防技术及其应用得到迅速发展，在维护社会稳定和安全方面发挥了重要的作用。将安防系统与物联网技术结合起来可以很好地解决传统人防带来的弊端，实现区域入侵检测报警、现场视频监控及录像取证。技防系统通过与人防手段结合，可以及时发现安全隐患，提升建筑物安全管理等级，节省人力和物力的投入。安防行业的视频监控领域经过近几年的快速发展，已解决“看得见、看得清”问题，正在进入“看得懂、不用看”的阶段。

第一节　公共安防行业的物联网应用

自 2004 年公安部和科技部联合开展“科技强警示范城市建设”及“3111 试点工程建设”以来，全国各地都开展了平安城市和治安防控体系建设，同时《安全防范视频监控联网系统信息传输、交换、控制技术要求》（GB/T 28181—2011）的颁布和全国大联网工作的推动，促进了视频监控的广泛互联和深度应用，也为公安部门在物联网应用方面积累了经验，奠定了基础。

由于现代城市管理的复杂性，城市管理和安全防范必须依赖遍布城市的各类传感器收集大量的信息进行分析、处理、反馈和修正。视频是所有传感信息中含量最丰富的信息载体，是城市安全管理最重要的信息来源。城市视频监控系统新建并整合大量的摄像头，这些摄像头将城市各处的视频图像信息传输到各级处理中心，这实质上就是城市级以上的视频物联网或视频传感网。

面向社会公共安全管理的物联网（简称公安物联网）是以“人、地、物、事、组织”为感知对象，基于公安信息化的网络架构，通过标准数据交换，实现对感知对象多维时空信息的全面感知、高效共享和深度应用，通过对感知信息的汇集、分析、处理来提升现代警务的实战能力和服务水平，满足公安实战业务的需要。这是物联网在公安领域的具体化应用。

公安物联网在技术架构上由信息感知、网络传输、数据处理和业务应用 4 个层次组成。

首先，在信息感知上充分利用物联网技术和手段，如视频、音频、RFID、报警、智能图像分析、核生化探测、气流气象等感知手段，在城市地铁站、公交车站、地下通道、广场、地面道路等公共场所，对人流、车流、物流建立全面的感知、识别和监控。此外，还可以对动态目标进行监控，如特种车辆，应急救援车辆，以及危险品运输车辆的人、车、物管理。基于 RFID 及视频分析技术，建设车辆感知节点，随时掌握车辆的轨迹、位置、驾驶人信息及危险品流向，从而为公安部门实现与社会公共安全相关的各种信息的全面感知。

其次，在网络传输上实现各种网络的融合，如公安信息网、视频专网、互联网、3G 无线网络和卫星通信网络等，各种感知信息通过这些传输网络实现信息的传输、汇集和交换。同时，公安信息网与外部其他网络直接通过边界安全接入平台联网，确保网络安全。

再次，随着海量视频、图像、报警等信息的汇集，需要利用云计算、模糊识别等各种智能计算技术，对海量的数据和信息进行整合、分析和处理，提高相关信息获取的实时化、精细化、系统化和智能化。同时，通过对物体实施智能化的控制，能使系统具有自动化、自我反馈与智能控制等特点。

最后，公安物联网的建设需要围绕公安实战业务应用，在各种感知信息统一的融合、共享和调度基础上，通过业务系统之间的互联和整合，实现对关注人员、车辆及事件的动态掌控与联动应用，实现跨警种的实战应用。

第二节 社区安防的物联网应用

在实际落地过程中，物联网在智慧社区构建方面发挥着重要的作用。借助物联网的技术优势，社区管理人员可以及时通过远程监控等设备来了解社区内车辆的出入情况及人员的流动情况，以此对整个社区进行高效管理。

物联网＋安防在智慧社区中的应用主要有以下两个方面。

1. 物联网加快智慧社区建设速度

通常来讲，社区作为城市的细胞，在一定程度上反映着一个城市的发展程度。因此，对传统社区进行智慧化改造十分必要。目前，我国正大力倡导建设智慧城市，提高对城市的智能化管理水平，要实现这一目标，智慧社区显然不容忽视。从总体来看，智慧社区涉及智能家居、智能楼宇、智能安防等多个领域，主要包含智能家居系统、安全防范系统和智能管理系统等这几个层面。借助物联网将相关设备连接起来，可有效改善社区医疗卫生、文化服务等活动开展的相关环境，并完善社区的基础设施，给社区居民的生活提供更多便利。同时，采用物联网技术后，整个社区的安防水平也得到了进一步提升。

2. 物联网成为智慧社区建设的主要技术赋能载体

谈到智慧社区的技术载体，随着楼宇对讲系统、电子巡更系统、门禁系统、家庭防盗报警系统等多项内容的建设实施，物业管理系统包括远程抄表计费系统、停车场管理系统、IC 卡管理系统、消防系统、电子公告系统等社区安防解决方案不断推陈出新，这些应用都被赋予了人工智能的属性，并逐渐成为各类应用在实现智慧化方面的关键技术。以下从智慧社区建设中几个常见的安防应用入手，来看物联网作为智慧社区建设的主要技术赋能载体是如何体现的。

就当前的社区安防领域来看，视频监控依旧是 AI+ 安防的主战场，且在平安中国、雪亮工程等国家政策的号召下，城市立体防控监控体系已经逐渐成形，城市安防数据呈现以几何倍数增长的态势。而城市级安防大数据不仅面临海量级别数据的采集传输及存储压力，其在分析、反馈环节的实时性和准确率也受到了不少影响。仅靠传统安防架构和手段，视频监控在安防行业的作用仅仅只能停留在监控和留证，并非预防。也就是说，当前海量的城市安防数据还是以单一的形式存在，缺乏多维数据碰撞的城市立体防控监控系统并未走出数据孤岛的问题，进而无法解决实现安防 AI 化。但在物联网的助力下，安防产业不仅解决了分析、反馈两大环节问题，通过机器学习，深度学习对数据进行海量异构化数据的分析和处理，再加上边缘计算的助力，得以实现前端摄像头对视频数据的结构化处理。还能基于机器视觉，赋予前端摄像头更敏捷的观察能力，如当前业界广泛流行的人脸识别、车牌识别、姿态识别、3D 结构光技术等，都为当前安防行业注入了新的活力。或许从宏观方向来看，正因为物联网的助力，安防行业才得以智能化，甚至让安防智能化真正做到“普及众生安全”。而在物联网与人工智能赋能过程中，人脸识别应该是当前安防行业的核心场景应用。不管是前端智能摄像头，还是家庭的第一道智能门锁，人脸识别已成为智能安防不可或缺的部分。

人物识别是人脸识别技术在安防行业的一种更高级别的应用，这种技术被广泛嵌入至城市部署的摄像头之中，对成千上万的人脸进行采集，并对人脸进行识别匹配，找出可疑人员及犯罪嫌疑人，在平安城市、雪亮工程、智慧城市、智慧交通等应用中较为广泛。

在城市安防的部署之中，嵌入了人脸识别技术的智能摄像机在拍下可疑画像的同时，就能通过计算机网络将面像特征数据传送到计算机中心数据库，系统即可自动与面像数据库中的逃犯面像比较，迅速准确地做出身份判断，将人脸识别“用”的价值凸显到极致。还有部署在城市建筑的人脸闸机、智能门禁、智能门锁等人脸识别衍生产品，都已渗透到所有需要进行身份认证和识别的场所，在智慧校园、楼宇对讲、智慧社区、智慧金融等方面都得到了很好的应用。在当前的智慧社区建设中，人脸识别技术已成为门禁管理、访客系统、视频安防系统等多个系统的标配，能够解决社区居民身份确认、社区居民快速出行、可疑人员身份确认、异常人群活动等多重难题，保障社区人群的生命、财产安全。

第三节　安防行业中的关键技术

一、视频监控技术

伴随着摄像机镜头、芯片、网络、云计算、大数据、人工智能等技术的进步，我国的视频监控技术得到了快速发展。在公安机关办案过程中，借助视频监控不断提高对整体社会治安情况的把控程度，能够有效调查各种犯罪嫌疑人所涉及的区域。因此，视频监控的普及极大地提高了公安机关的办案效率。

视频监控的应用主要在以下几个方面。

1. 治安监控

在一些相对较为重要的机关部门、重要交通道路、人员密集公共场所、治安负责地区部署监控摄像机进行实时监控，可以有效保障社会治安。治安监控主要是指由公安部门直接建立监管，以及政府部门及社会单位直接建立监管的视频资源。

2. 交通监控

对交通路况、车辆进行监控，可以拍摄记录车辆的车牌、型号、颜色，车内人员的形态、特征等信息，对于一些违规违法的车辆进行排查，提高交通管理的效率。

3. 社会监控

在一些小区、企业、学校、商业街等安装监控，方便进行管理和控制，有助于提高企业生产安全及人员的人身和财产安全。此类属于规模较小的视频监控系统，主要是由物业及企业自己建立监管的摄像头资源。

二、面部特征识别技术

人脸识别技术是继指纹、掌纹识别技术后一种新型的生物特征识别技术，主要是根据人类的面部特征对身份进行识别。人脸识别技术具有很高的安全性，运用了多媒体、计算机技术、数字／图像处理器等技术，能够保证自身灵活判断力的同时，还不容易被仿制，因此人脸识别技术受到了社会各界的重视，同时也被广泛应用在人工智能领域。从发现到研究，再到应用，时间不长，但是却已经处于一个较高的技术水平。

就目前来看，人脸识别技术的研究范围主要集中在以下 5 个方面：①人脸检测，即在各种不同的场所中检测出人脸，并且能够追踪其准确的位置。但是从实际情况来看，很多场所都是比较复杂的，而且人脸的位置存在未知性，所以在进行人脸检测时，首要的任务就是确定人脸是否存在于场景中，如果存在人脸，接下来再对其位置进行确定。影响人脸检测结果的因素有很多，如光线、化妆品、毛发等，都会让人脸检测和识别的过程更加复杂和困难。人脸检测的最终目的是在一个完整的图像内，找到人的脸部区域，然后将输入的图像进行合理划分，一部分是人脸区域，另一部分是非人脸区域。②人脸表征，即通过某种特定的方法将检测出的人脸表现出来，与数据库中的人脸进行比对。常用的方法包括几何特征、代数特征等。③人脸辨识。通俗地说，就是通过人脸检测数据与数据库中已经识别的人脸进行数据比对，从而获得信息的过程和手段。这个操作过程的主要核心内容是选择合理人脸的表征方式，以及与之相对应的匹配策略。然后通过分析发现，系统构造与人脸表征方式之间的联系，但是因为特征方法选择的不同，正面像特征法和侧面像特征法的本质上还是存在明显区别的。④表情分析。就是对人脸部的表情进行科学的识别，常见的表情包括快乐、悲伤、恐惧等，为了提高识别的准确性，要对人的脸部表情进行合理的分类，发挥人脸识别技术的优越性。⑤生理分类。对人脸的生理特征进行详细的分析，通过分析获取人的性别、职业、年龄等信息。显然，完成这一操作是一个复杂的过程，需要大量的知识，因此需要科学合理的方式。

三、车牌识别技术

车牌识别技术是指能够检测到受监控路面的车辆并自动提取车辆牌照信息（含汉字字符、英文字母、阿拉伯数字及号牌颜色）进行处理的技术。它以数字图像处理、模式识别、计算机视觉等技术为基础，对摄像机所拍摄的车辆图像或者视频序列进行分析，得到每辆汽车唯一的车牌号码，从而完成识别过程（图5–1）。用于停车场的车牌识别系统的基本硬件配置由摄像机、主控机、采集卡、照明装置组成；软件由图像分析和处理软件，以及后台管理软件组成。用于治安卡口的车牌识别系统由前端设备、网络传输系统、中心管理系统3个部分构成，前端设备主要由高清抓拍摄像机、抓拍补光灯、地感线圈、车辆检测器、前端

图5–1　车牌识别技术

管理设备、防雷设备、电源设备等组成；网络传输系统主要采用光纤传输网络和无线传输网络，也可备份使用；中心管理系统由图片数据存储设备、录像存储设备、识别工作站、数据承载设备、应用管理设备、视频资源安全网关等组成。

四、图像增强技术

目前，公安交警实际应用的监控环境中，因恶劣天气（雨天、雪天、雾天等）对图像采集产生的影响，使采集的图像变得模糊不清，降低了图像特征识别的概率。在公安交警指挥监控系统加装视频增强设备，可以大大提升在恶劣天气下采集图像的清晰度，从“看得见”到“看清楚”“看明白”，也可以解决极端恶劣天气从“看不见”到“看清楚”的问题，从而更好发挥视频监控效能，为公安交警机关开展治安防控、侦查办案、指挥决策等综合应用提供更好的支撑（图 5–2）。

图 5–2　图像增强技术

五、周界防范技术

1. 泄露电缆技术

两根平行埋在地下的泄漏电缆，一根与发射机相连，另一根与接收机相连。发射单元在电缆中产生高频能量并传输，当能量沿电缆传送时，部分能量通过泄漏电缆的泄缝漏入空间，在被警戒空间范围内建立电磁场，部分能量被与接收机相连的泄漏电缆接收，形成能量耦合。入侵者进入形成的感应区内时，电磁能量受到扰动，引起接收信号的变化，信号经放大处理后被检测，通过计算达到报警要求时发出报警信号。

2. 振动电缆技术

传感电缆由芯线、压敏膜、屏蔽膜、外套组成，这种电缆的特性是感测压力和形变。当这种电缆按设计要求附在金属护栏网上时，就能感测任何真正的企图攀爬、切割、掀起或打破围墙的行为，并且报警器将被激活报警。传感器电缆附在已经存在的围栏上，传感器通过通信电缆接到控制中心。

3. 张力或脉冲电子围栏技术

张力电子围栏由张力探测器和主机组成，脉冲电子围栏由高压电子脉冲主机和前端探测围栏组成。高压电子脉冲主机可以产生和接收高压脉冲信号，并在前端探测围栏处于触网、短路、断路状态时能产生报警信号，并把入侵信号发送到安全报警中心；前端探测围栏是由杆及金属导线等构件组成的有形周界。

4. 红外、激光、微波对射技术

对射探测器由收、发两部分组成。发射器向安装在几米甚至几十米远的接收器发射红外／激光或微波，其射束有单束、双束，甚至多束。当相应的射束被遮断时，接收器即发出报警信号。而当发生入侵时，发射器发射的射束被遮挡，即接收器接收不到对应信号，从而输出相应的报警电信号，报警信号可被报警控制器接收，并联动执行机构启动其他报警设备。

5. 热成像视频监控技术

热成像视频监控技术的核心设备是热像仪，是能够探测微小温差的传感器，将温差转换成实时视频图像显示出来。通过对热成像视频图像的分析，可改善视频解析的质量，提高入侵检测的成功率。

6. 防区式振动光纤技术

防区式振动光纤入侵报警系统是基于 Sagnac 干涉效应的防区型光纤振动探测系统，光路的组成为一个光纤环，耦合器把光分为 2 束，分别沿相反方向传输，最后在耦合器内产生干涉。当光纤受到外力作用时，返回的光信号相位将发生改变，在检测和解调后，可确定相位差，从而进行定位及报警信号输出。

六、门禁控制技术

我国门禁控制管理产品的研发和技术发展较晚，主要产品系统架构由国外品牌自 20 世纪 90 年代引入，并经历了本地化的长时间发展。从早期模仿学习开始，国产品牌历经 20 多年的发展，目前已经开始占据行业主流位置。

门禁产品已经从最开始对“门”的禁止功能上升到形成一套完整的管理系统，甚至参与了企业的业务管理。智能门禁，就是为了提高业务管理的效率和安全性。如果说生物识别的加入让采集更为精准的话，那么互联网 + 门禁，就真正让门禁产品迎来彻头彻尾的大升级，形成了设备 + 端 + 云的智能新模式。

手机取代了门禁卡，这是互联网时代智能门禁最为直观的体现。例如，可以通过手机 APP 在通道闸刷一下二维码就实现开门；有客来访时，业主直接用 APP 生成二维码通行证，通过微信或者短信发送给对方，免去了前台登记等一系列烦琐的流程，甚至可以手机呼梯直接上楼，用户在扫码入闸的同时实现派梯，显示屏会显示来访人前往的电梯楼层，用户到 VIP 电梯等候，电梯直达迎接并将其送至指定楼层。

第四节 安防行业的未来

2010年以来，随着我国城市化进程的不断加快，与安防行业密切相关的平安城市、智能化交通建设等政策先后出台，公众安防意识持续增强，使得中国安防业近几年保持着良好的增长势头。智能楼宇、智慧社区建设异军突起，数字化、智能化安防产品大量涌现，极大地促进了安防市场的发展，并建设成一条涵盖产品研发、生产、销售、工程与系统集成、运营服务的完整产业链，智慧安防成为构建社会治安防控体系、全面建设和谐小康社会的重要内容。

随着物联网、大数据、人工智能、VR/AR等新一代信息技术，以及无人机、机器人等不断被引入安防行业中，安防产品和系统将变得更加全面立体化、网络化、智能化，安防创新应用将不断涌现，全球安防行业将进入智慧安防的发展新阶段。

一、安防智能化、平台化趋势逐渐增强

安防产品智能化使得安防从过去简单的安全防护系统向城市综合化管理体系转变，涵盖街道社区、道路监控、楼宇建筑、机动车辆等众多领域。智能化监控系统通过信息技术手段建立全方位防护，在注重安全防范的同时，兼顾城市管理系统、交通管理系统、应急指挥系统、智能城管等众多管理体系，给人们的安全生活带来便利。

当前，智慧安防的发展重点已从前端的摄像头等硬件设备向后端的物联网云平台转移，安防云平台将成为安防企业未来竞争的核心。企业通过构建安防云平台，能够实现各类安防产品的互联互通，并通过数据资源整合与云端智能分析，为用户提供一体化的解决方案。

二、安防产业加快向运营服务转型升级

安防运营服务是安防产业的重要组成部分，将成为全球安防产业未来的重点发展方向。目前，我国安防产业仍以产品设备与解决方案为主，安防产品和安防工程占据超 90% 的市场份额，而运营服务仅占 8% 左右。与国外市场相比，我国安防运营服务规模占比明显偏低，发展步伐相对缓慢。近几年，在技术升级、产品同质化和成本降低的背景下，安防产品市场的利润空间逐渐被压缩，我国安防产品类企业占比呈逐年下降趋势，而安防工程类企业和运营服务类企业占比逐渐上升。未来，我国安防产业将加快从产品制造、系统集成向运营服务转型升级。

三、未来发展趋势

未来，人工智能将在安防领域开辟新的蓝海，在公共安全、政府、交通、金融、楼宇等领域的安防中发挥重要作用，推动智慧安防发展更加普及和深化。

在公共安全领域，人工智能在视频内容的特征提取、内容理解方面有着天然优势，能够满足智慧安防管理的“事前预警、事中监控、事后防范”的应用需求。基于人工智能的网络摄像头，可实时分析视频内容，检测运动对象，识别人、车属性信息，并通过云计算和智能分析，对犯罪嫌疑人进行精准定位与追踪。

在交通领域，利用大数据和人工智能建设城市级的智慧交通大脑，实时分析城市交通流量，预测道路拥堵，及时制定交通疏导方案，提升城市道路的通行效率。同时，智慧交通系统实时掌握城市道路上通行车辆的轨迹信息、停车场的车辆信息，以及小区的停车信息，实现机场、火车站、汽车站、商圈的交通联动调度与资源合理调配，为居民的生活出行提供保障。

在金融领域，通过人脸识别、语音识别、指纹识别和虹膜识别等技术，结合人工智能分析，可迅速识别可疑人员，有效保护银行物理区域安全。此外，人工智能在网络反欺诈方面也将发挥巨大的作用，可以从海量的交易数据中学

习知识和规则，并发现异常，如防止盗刷卡、虚假交易、恶意套现、垃圾注册、营销作弊等行为，为用户和机构提供及时可靠的安全保障。

在楼宇安防领域，基于人工智能的安防系统，对进出园区、大厦的人员和车辆进行跟踪定位，实时汇总整个楼宇的监控信息、刷卡记录，通过人脸识别和信息比对，区分工作人员在大楼中的行动轨迹和逗留时间，确保核心区域安全；能耗监控系统实时采集楼宇建筑的能耗数据，读取设备仪表数值，通过智能分析及时发布能耗预警信息；利用可移动的人工智能机器人开展定期消防巡逻检查，分析潜在的风险，从而保障园区、工厂的生产活动安全平稳运行。

目前来看，随着国内安防市场需求的不断提升和国家政策的强力支持，我国安防企业将借助人工智能、云计算、大数据、物联网等技术实现创新发展，智慧安防应用将在智能家居、智慧社区、智能交通、智慧公安、智慧城管等领域进一步深化，并加速向智慧医疗、智慧旅游等领域延伸。安防行业将进一步与互联网行业相互融合渗透，不断涌现新产品、新模式、新业态，安防产业链将更加完善，市场将呈现多元化、全方位的发展态势。

第六章

基于网格化的社会精细化管理

本章以最早提出“网格化”治理理念的北京东城区为案例，介绍网格化在社会精细化管理中的经验。网格化的技术本质也是物联网，是物联网在社会治理中具体应用的体现。

第一节　网格化管理的提出

2004 年，东城区创造性地将网格理念应用到城市管理中，按照“边界清晰、工作便利、大小适当”的原则，在全区划分出 592 个基础网格和 2322 个万米单元网格。400 多名网格监督员在各自所辖网格内，每天进行不间断巡视，实现了责任的精细化。

近年来，东城区网格化管理模式不断创新发展，从网格化城市管理不断升级到了网格化社会治理，由简单管“物”、管“人”，发展到了所有“人、地、事、物、组织”等的服务管理。通过数字化、信息化等多种手段，网格化管理实现了全方位、动态化的管理新模式，建立起主动及时的问题发现机制、快速高效的问题解决机制、公开公正的效能评价机制，矛盾纠纷被化解在网格、解决在基层，群众在网格内就能获得良好的公共服务。

第二节　网格化管理的作用

一、网格化城市管理，开创城市治理新时代

2004 年 10 月，东城区首创将网格化理念应用到城市管理，建成“网格化城市管理新模式”，开辟了网格化管理的新时代。网格化管理包括以下四大组成要素。

1. 单元网格管理法

以 1 万平方米为基本单位，将区域划分成若干个网格状单元，由城市管理监督员监督巡查所分管的网格，同时明确各级地域责任人为辖区城市管理责任人，从而对管理空间实现分层、分级、全区域管理的方法。

2. 城市部件管理

把物化的城市管理对象作为城市部件进行管理，运用地理编码技术，将城市部件按照地理坐标定位到万米单元网格地图上，通过网格化城市管理信息平台对其进行分类管理的方法。将城市所有的公共资源，包括井盖、护栏、宣传栏等都作为公共资源，称为“部件”，通过网格平台分类管理。

3. 城市管理综合信息平台

开发“城管通”，利用智能手机和无线网络实现现场信息准确采集和快速传送，整合互联网、地理信息、数据库、定位、遥感、数据挖掘、信息安全等技术，搭建网格平台，开通城市管理特别服务热线和网站受理，再造城市管理 7 个闭环业务流程，即“信息收集—案件建立—任务派遣—任务处理—处理反馈—核查结案—综合评价”，做到问题实现及时发现和快速处理。

4.“双轴化”管理体制

“双轴”分别指的是指挥和监督。将监督职能和管理职能分开，建立负责监督评价的城管监督中心和负责指挥、调度、协调的城管委；建立了一套客观、动态、科学的监督评价体系，对城市管理各方面进行综合评价，成为政府绩效考核的

重要组成部分。监督员发现问题，拍照上报到监督中心，监督中心收到信息后，派遣责任人处理，处理后再由监督员审查后拍照上传到监督中心，两张照片一对比即可，形成“闭环”。

二、网格化社会服务，维护社会安全稳定

2010 年，作为全国社会管理创新综合试点区和北京市社会管理创新综合试点区，东城区结合“信访代理制”“城管综合执法机制”等经验，又将网格化理念延伸拓展到社会管理领域。

1. 搭建立体平台

关于人、地、事、物、情、组织等因素的管理，城市综合治理办牵头做，创新提出了“精细化管理、人性化服务、规范化运行、信息化支撑”的网格化社会服务管理目标，进一步将现代化信息技术与传统管理方法融合兼用，将社会群众的力量与专业组织的力量协调整合，建立新型社会服务管理信息化支撑体系，形成了信息化支撑的区—街道—社区“三级平台”及区—街道—社区—网格“四级管理”体系。

2. 掌握民情社意

社会管理网格化实现了由城市管理以“物”为主体到服务管理以“人”为主体的动态转变。与城市管理不同的是，社会管理是指一旦发现问题，不管什么诉求，都在网格内解决。在行政体制不变的情况下，对各类服务管理资源进行深度整合，对社会服务管理流程进行再造和优化。在基层实现社会服务管理政策集成、工作集聚、力量集合，努力实现社情民意“早知道、早化解、早回复”，实现“身边事不出网格、小事不出社区”，矛盾纠纷不上交。

3. 管理分层细化

将社会服务管理网格划分为住宅、商务商业、企事业单位、人员密集场所 4 种；根据社会管理秩序、治安环境状况，将网格划分为日常管理、一般防范、重点关注、综合治理 4 级。在网格中安排“一格多员、一员多能、一岗多责”的力量配置，

推动力量整合、重心下沉、夯实基层，建设“加强社会管理、优化社会服务、完善社区治理、创新基层党建”4个专业工作体系的标准。

4. 构建双层循环

在业务流程上，建立了“区级大循环”和“街道小循环”的两级循环体系。“大循环”流程是在全区范围内，由区网格化服务管理中心对问题信息进行立案、派遣，在全区各专业处理部门参与下，由区级层面进行协调处理并解决。“小循环”流程是在街道范围内，由街道为民服务分中心对网格基础力量上报的问题信息进行立案、派遣，由街道内部处理并解决。

第三节　网格化管理的案例

2014年，东城区围绕“改进社会治理方式，以网格化管理、社会化服务为方向，健全基层综合服务管理平台”的思路，推动网格化城市管理与网格化社会服务管理融合，建设东城区网格化服务管理体系，揭开了网格化服务管理的新篇章（图6–1）。

图6–1　东城区网格化服务管理中心

一、整合渠道、响应诉求

2014 年，东城区整合全区各类非紧急热线，开设“96010”为民服务热线，并将“12345”非紧急救助热线、人民网地方政府留言板、政风行风热线、政务微博、微信、媒体舆情和领导批示等公众诉求渠道对接到“96010”热线，实现咨询、建议、投诉、举报“一号通”，建立了“1+4+17+N”为民服务热线受理运行方式，无论公众从哪个渠道反映，都能进入“一口受理、两级指挥、多元监督”的网格化服务管理体系，极大地提升了行政效能和群众满意度。2015 年，又将“12345”非紧急救助服务、微信公共服务号、媒体舆情监督、区长信箱、批示件、政务微博和政风行风热线等诉求渠道纳入网格化服务管理，实现公众诉求“八合一”。2019 年 3 月 30 日，东城区为民服务热线“96010”关闭热线功能，由“12345”市民服务热线整合了反映、咨询、投诉问题建议的功能。

二、多网融合、立体运行

东城区网格化服务管理体系建设更加注重源头治理、综合治理、系统治理、依法治理。其中，微循环指的是网格化服务管理微循环平台；小循环指的是网格化服务管理信息处理系统、东城互联网 + 公众参与小程序、网格化服务管理微循环平台；大循环指的是网格化服务管理信息处理系统（大厅立案派遣，核查结案，专业部门处置）、为民服务受理平台、综治维稳应用系统、网格化数据辅助分析系统、公众诉求智能服务系统、网格化便民服务热线综合管理信息系统、网格化服务管理微循环平台。

三、多元参与、协商共治

东城区率先探索了“多元参与、协商共治”的“网格自治”模式，将社区居民、社会力量和市场力量纳入网格自治中，构建了城市网格化管理与公众自治的复合治理，集约服务资源，填补供给短板，从而加快推动形成了公共服务多元供给机制。同时，在多社区建立了广泛参与的“红袖标”队伍，积极推动社区自治组织、各类志愿者参与邻里守望和治安防范。近年来，全区万人发案率和百户发案数始终保持在城区最低。

东城区网格化服务管理模式的成功实践，有效提升了政府管理城市的水平，拉近了政府与市民的距离，为现有政府公共管理系统升级提供了一个可借鉴、可持续的解决方案。

未来，东城区将进一步提升城市精细化管理水平，积极构建城市管理“大监督”体系，形成面向社会、深入百姓的全开放、广覆盖式监督网络。东城区将强化云计算、物联网等新一代信息技术在城市运行、应急指挥方面的应用；建立网格案件公开机制、社会公众满意度评价及第三方评价机制，形成“全民参与、社会协同”的城市治理合力；东城区还将推动城市管理运行指挥中心建设，完善区、街、社区三级平台建设。将坚持城市更新改造与精细化管理同步推进，在更高水平上创新城市服务管理方式，朝着创建国际一流和谐宜居之都的宏伟目标昂首迈进。

●●●● 第七章

消防救援与城市安全中的物联网

以往由于消防和救援行业的封闭和分散，物联网技术应用得不是很充分，影响了救援效率。最近在体制改革中，国家成立了应急管理部，为行业资源整合和技术充分应用提供了新的施展平台。相信在不久的将来，消防和救援行业的物联网产业必将迎来大发展。

第一节　物联网在智慧消防中的应用

消防物联网技术所具备的感知、传递、智能的特征，能够满足消防安全监督和灭火救援的需要。

一、实现火灾防控预警工作的自动化

1. 远程监控消防水源

利用物联网技术可以将无线通信设备安装在消火栓和消防水池等部位，水流可以带动传感器，定期向中心服务器发送水源信息，再利用 SIM 卡手机和计算机等设备，及时查询水源状态，实时联网监控消防水源。利用 GPS 和 GIS 等通信设备可以及时定位消防水源的位置。如果出现火灾，工作人员利用物联网

技术可以及时确定消防水源的信息，指挥中心结合准确的水源信息，快速开展灭火救援工作。

2. 远程管理建筑消防设施

建筑内部具有消防喷淋和消防泵等消防设施，需要时刻保障建筑消防设施的完好性，这样有助于落实初期火灾补救工作。为了保障消防设施的良好性，需要加强检查，但是在实际工作中很容易出现疏漏。利用物联网技术可以动态化监控消防设备，可以智能化监控建筑内部的消防泵和消防喷淋等设施。消防部门可以将感应芯片安装在消防喷淋管网中，实时检查喷淋装置的压力，也可以将电子芯片安装在消防泵开关阀上，确定消防泵的工作状态。将通信芯片安装在烟感和温感后端，后方监控中心可以确定报警状态。利用智能视频监控技术监控消防安全通道，利用视频处理系统实时分析指定区域，如果消防安全通道被占用，可以及时落实告警通知，辅助消费人员完成相关工作。

3. 智能楼宇系统

智能楼宇系统可以将相应芯片植入消防设备中，建立每幢楼的数据库，检查人员可以利用无线设备确定设备信息，将传感器安装在重点部位，如果出现故障，管理系统会及时发出警报。发生火灾，报警器可以同时向控制室和消防人员手机发送相关信息，保障消防部门及时完善准备工作。该系统不仅可以管理报警设备，同时也可以管理消防栓和灭火器等，可以建立不同的管理单元，保障管理工作的高效性，降低管理成本，灵活落实管理工作。

二、实现消防管理信息化

动态管理消防车辆和人员，利用物联网技术可以设置消防车辆和消防人员的电子标签，利用无线方式连接，可以建立物联网装备管理系统。将车载终端安装在战备车辆中，通过采集模块，可以获取车辆信息，确定车上装备的情况。利用无线网络向后方指挥中心传输车辆位置信息，指挥中心可以确定车辆信息。

消防人员可以穿戴智能战斗服，通过植入电子芯片，可以及时获取消防人员的具体位置和分布情况，加强人员管理。利用物联网技术，结合 GPS 和无线通信技术等，可以建立车辆和人员的管理体系，节省整体工作量，使管理工作的透明度提高。

动态管理消防装备因内容比较复杂，需要利用软件进行管理，避免管理过程中出现遗漏，利用物联网技术可以集中智能管理不同的消防装备，在一个网络集中分散的人员和车辆信息，使消防工作管理水平得到提升。

三、消防设施的动态管理

2018 年 5 月 1 日，上海市出台了《消防设施物联网系统技术标准》指导文件，对上海市消防安全工作具有里程碑式的意义，同时对全国范围内的消防安全工作也有一定的参考价值。技术标准的出台，为进一步将物联网技术和消防安全工作进行深度融合提供了依据，能够督促消防单位通过物联网技术及时自查、上报、维修、整改，把消防检查变为经常性工作，而不是临时性的检查整顿，进一步强化了消防安全人员的责任意识，也大幅降低单位、企业的消防安全管理、运行、维护及救灾成本。

在数据真实性方面，物联网技术能对消防设施的日常运行情况、空间位置信息、值班人员工作情况等数据进行采集，客观真实地提供给消防管理部门、单位企业管理人员和维保单位，增强消防火灾防控和灭火救援工作的科学性、可靠性，提高日常消防监督工作效能及火灾形势的整体评估，全面提升社会化消防监督和管理水平。

四、实时监控重大危险源

近年来发生的重特大灾害事故中，其中有一部分就是由于重大危险源发生事故而引发，造成了极大的人员伤亡和财产损失，因此，对重大危险源的实时监控就显得尤为重要。消防物联网技术的发展，对重大危险源的生产、使用、储存及经营场所的安全监管提供了一种切实有效的方法。通过物联网感知监测预警，将可燃气体探测、预警、监管与物联网技术结合起来，采集重大危险源的实时监测数据，掌握重大危险源的状态及其周边环境参数，通过设置的报警阈值进行分级报警；通过智能视频分析，对部署在重大危险源点位上的监控视频进行智能分析，评估危险源的安全状况，预测可能发生的事故，对风险隐患进行报警并及时整改，提升对重大危险源的动态监管能力，防止事故的发生。

五、灭火救援指挥决策智能化

一是灭火救援全程侦察，灭火现场情况复杂，瞬息万变，指挥员必须时刻掌握灾害现场情况，侦察工作就显得特别重要，直接关系到灭火救援的成败。把物联网技术应用在灭火救援中，可以在救援现场布置传感器，通过传感器把灭火救援现场信息传回指挥中心，提高指挥决策的科学性。二是灭火救援指挥智能化，消防物联网可以利用云计算技术对采集的灾害现场信息进行分类，对灭火救援现场的消防车辆、装备器材、人员状态进行实时监控，与消防指挥中心互联互动，提高指挥调度的合理性，提高灭火救援效率。三是灭火救援中的人员安全管理，在灭火救援现场，往往需要救援人员深入火场进行内攻，火场内部的高温、浓烟对火场内攻人员的安全构成严重的威胁。在火灾现场，消防物联网技术可以通过火场内攻人员装备上的电子标签来进行跟踪定位，将火场内获取的数据传送到火场外的监控系统，实时了解火场内攻人员所佩戴空气呼吸器的状态、人员位置、生命体征参数等，一旦状态参数出现异常，指挥中心可向消防救援人员下达撤出指令，减少消防救援人员的伤亡。

具体的几个应用场景如下。

设置建筑物身份系统，为建筑物设置电子标签，标签中包含有关建筑物的所有信息。在火灾现场可以利用终端设备读取火灾信息，确定建筑物当前状态，辅助消防人员完成消防工作，消防队伍可以及时熟悉辖区情况。将温度传感器设置在建筑物内部，可以及时向手持终端传递温度信息，如果报警人员不够熟悉报警信息，指挥人员利用建筑物身份系统可以迅速确定起火点位置，及时扑救火灾。

智能调度参战力量。在灭火救援过程中，需要合理调度参战力量，及时开展灭火救援活动。指挥部在指挥调度过程中需要综合考虑随车装备和车辆情况等。利用物联网技术完善视频监控系统，向工作人员传输灭火救援图像，实现远程监控。利用视频监控系统可以掌握车辆实际情况，为灭火救援工作提供便利。将压力传感器芯片安装在消防车的重要位置，这样可以掌控消防车的工作情况，合理休整替换车辆。

智能指挥作战现场。在灭火救援工作过程中，火灾现场的烟、毒等会威胁工作人员的生命安全，利用物联网技术可以将各种感应芯片安装在救援装备中，利用通信设备可以无缝对接互联网，后方指挥中心可以及时掌握水枪头和水带等设备信息，帮助后方指挥中心完成现场调整工作。消防人员进入火灾现场之后，结合各种传感设备和互联网可以建立物联网络。指挥人员可以利用物联网获取火灾现场信息，确定火灾现场的温度和有害气体等，提高工作决策的准确性。

六、消防装备智能管理

针对消防终端监测设备安装数量大、部署范围广、安装环境复杂等情况，如果完全依靠人力实现已部署设备的巡查、维护等工作，必然带来不小的成本负担且效率低下。为了解决以上问题，可采用物联网技术实现远距离的设备数据收集、监控、故障排除、设备参数设置等一系列智能管理，降低运营成本，简化设备运维。

图 7-1 展示了设备管理系统的底层设备连接，包括感知层、网络传输层及平台层。感知层设备主要包括有线物联网网关、4G 物联网网关、NB-IoT 物联

网网关、用户信息传输装置、NB-IoT 消火栓监测终端等消防终端监测设备及传感器，这些消防终端监测设备是设备管理系统重点监管的对象。

网络传输层涉及以太网、4G、NB-IoT 这 3 种传输网络。

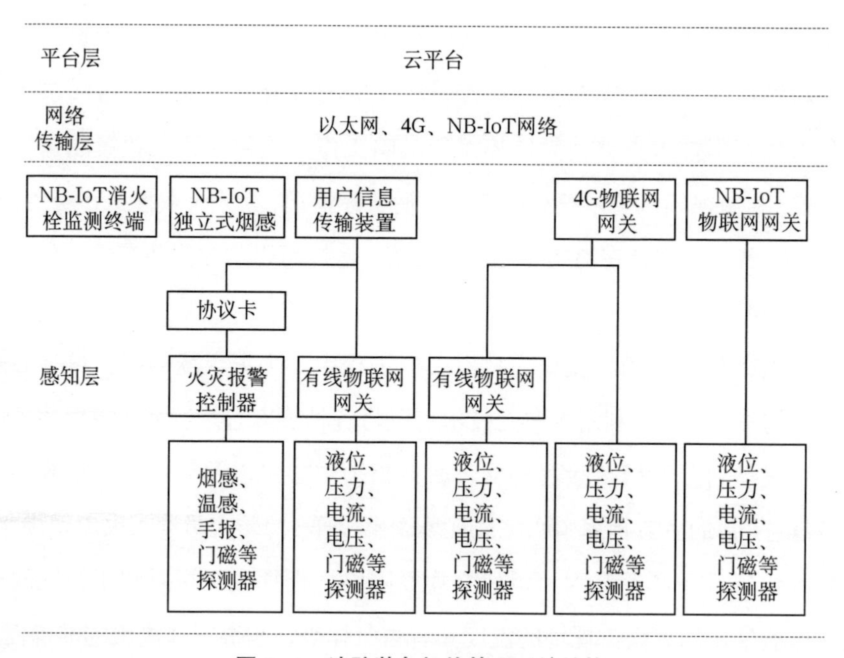

图 7–1　消防装备智能管理系统结构

有线物联网网关通过 RS485 接口与用户信息传输装置相连，将所接传感器的状态及自身状态上传给用户信息传输装置，然后用户信息传输装置将收到的数据以既定格式发往云平台。4G 物联网网关采用 4G 网络将传感器信息和自身状态信息发送至云平台。NB-IoT 消火栓监控终端、NB-IoT 独立式烟感、NB-IoT 物联网网关均采用 NB-IoT 无线通信方式传递状态数据至云平台。NB-IoT 主要面向大规模物联网连接应用，与移动通信相比具有覆盖范围广、海量连接、功耗低、成本低等优点，是物联网通信采用的主要技术之一。

云平台接收消防监控终端发来的数据，解析后存入数据库，为应用程序提供数据支持。采用多种传输协议和有线、无线网络对多类消防监控终端设备进行组网，并对这些设备进行信息采集。通过 Web 程序进行相关操作，较好地实现了设备管理，保障设备的安全运行，提高了维护水平，实现了科学管控。利用物联网技术管理消防终端设备相比传统人工管理不仅提高了设备利用率，更增强了仪器设备运行的可靠性、安全性。

第二节　防消结合的智慧消防系统

一、“消”与“防”的痛点问题

由于诸多管理体制的限制，原来的消防系统管理统得太死、管得太严，很多先进的信息技术无法很快进入消防领域，形成有效的战斗力，其信息技术应用水平大大低于其他行业。虽然近一两年提出建设“智慧消防”体系，但是其本质上还是原有技术体制的附加，没有触及“智慧消防”本质，解决消防的痛点。

从“消”（救灾）的方面来看，存在着 3 个主要痛点。一是救灾过程中，消防员内攻时没有室内地理定位，影响了作战指挥效率，使消防人员的人身安全受到威胁；二是内攻时，面对浓烟没有有效的侦察手段，虽然有红外摄像机，但是面对高温的烟雾，背景噪声极大，不能观察火场中会引起次生灾害的危险源；三是在火灾现场，面对复杂的电磁环境，无线通信的可靠性大打折扣，影响了作战指挥。

从“防”（防灾）的方面来看，也存在着 3 个痛点。一是防消分离的技术路线和管理策略，使得防灾的基础设施不能为救灾提供技术支撑，如大量布设的烟感设备没有很好地利用；二是陈旧的技术体制，使得烟感完好率和在线率得不到有效保证，很多系统形同虚设；三是智能化程度不高，指示灯几乎都是单向的，不能实际指示撤退路径。消防广播都是笼统地发出火灾报警，不能根据火灾现场精确指示。消防门和风机等消防设备都是程序控制，不能根据火场实际情况智能联动。

二、防消结合的技术策略

某研究院最新提出了“防消结合”的技术策略，从救灾出发研究防灾的技术体系（图 7–2）。

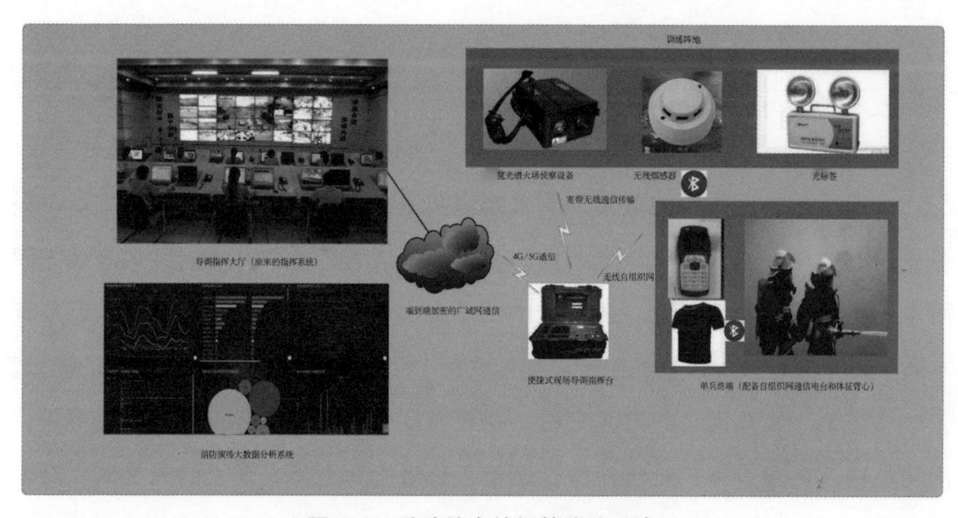

图 7–2 防消结合的智慧消防系统

利用大量布设的烟感探测器，将原来的有线系统改为物联网技术的无线系统，将烟感作为地理标签。配合室内的建筑信息管理系统（BIM），能够做到室内地理定位，实现平战结合。平时作为消防巡更管理，战时为消防员提供室内定位。为消防员配备体征背心，同时向现场指挥平台传递消防员的位置信息和体征信息，能够提高作战效率、保障人员安全。另外，这种室内定位平时还可以为室内的导航和寻车管理等便民服务提供支撑。

针对火场侦察存在的问题，采用最新的宽光谱成像技术开发了“便携式宽光谱火场侦察设备”，能够透烟、透雾和夜视，实现全天候的环境监控。

针对火场无线通信的可靠性问题，采用了军用自组织网技术，实现终端台之间的互联，克服由于火场非均匀电子产生的遮蔽效应，保证通信的可靠性。

为了平战结合，平时应该在消防管理部门的要求和配合下，逐步建设 BIM 系统，做 BIM 与消防大数据的运维服务，也能为城市反恐防爆、城市精细化管理和便民服务提供室内地理信息支持。

在高速发展的城市化进程中，传统的消防安全工作存在诸多弊端，随着 5G 时代的到来，物联网技术在消防安全工作中必将发挥更大的技术优势，实现火灾防控“自动化”、执法工作“规范化”、灭火救援指挥“智能化”，全面提升消防安全工作水平，实现消防安全工作与经济社会的协调发展。

第三节　物联网与应急指挥

我国是灾害频发的国家，但应急指挥技术体系及应急产业发展相对缓慢。芦山地震、云南鲁甸地震、茂县滑坡等一系列重大突发事件的应急工作实践，使各级政府越来越深刻地认识到发展应急产业、提升政府危机应对与处置能力的重要性和紧迫性。2014 年，国务院办公厅发布《关于加快应急产业发展的意见》，首次对应急产业发展做出全面部署，提出到 2020 年，应急产业规模显著扩大，一批自主研发的重大应急装备投入使用。2018 年 3 月 17 日，全国人大全体会议表决通过了国务院机构改革方案，国家将整合现有多个部委职责组建应急管理部，标志着我国应急管理形成合力，应急产业势必迎来新的发展机遇。

物联网作为一种新的信息产业，可在任何时间、任何地点互联，实现智能互动，对人类的健康、安全有不可估量的现实意义和社会意义，其应用领域已广泛渗透到智能交通、公共安全、智能家居、智慧医疗等现实生活和社会生产中的各个角落。随着物联网在应急产业领域的应用，智慧应急的概念应运而生，即应急物联网，包括应急指挥物联网、应急监测物理网、应急预警物联网等。应急指挥物联网作为灾害预警、救援的指挥信息系统，是应急物联网的核心。通过物联网对复杂环境和突发事件的快速精确感知，打通应急指挥信息系统“六脉”，实现对突发灾难性环境的精确监测、救援指挥人员的精确跟踪定位，提升应急指挥信息系统对应急事件态势的快速响应、精确感知、一体联动能力，适应当前经济社会发展对应急指挥管理控制的复杂要求。

应急指挥物联网作为新一代应急指挥信息系统的核心技术，是智慧城市建设的重要内容。目前，多个城市提出公共安全应急物联网建设计划，主要集中在道路、水资源等环境监测方面，在应急指挥物联网等应急指挥信息系统核心技术方面缺乏深入研究。本节以军用一体化指挥信息系统、战术互联网、战场联合搜救等应急指挥信息系统为基础，瞄准当前应急指挥信息系统与物联网的演进方向，提出应急指挥物联网的系统架构，论述相关共性关键技术。同时，面向城市消防救援、山区自然灾害救援等场景提出了详细的应用方案，为加快构建新一代应急指挥信息系统、推动应急产业创新发展提供了有益参考。

一、应急指挥的系统架构

自然灾害等突发事件发生后，在生命可能持续的“黄金时间”内，军队、政府、公益性组织等各级各类救援团体将进行广泛协同、高强度抢救。这时最重要的是统一的通信指挥，因此，应急指挥物联网需着力解决灾害现场所有救援力量的指挥控制及与上级指挥部门的信息交互问题，通过人员跟踪定位、生命体征监测来实时感知救援态势，从而构建灾害现场救援态势图，为高效快捷的生命救援指挥提供统一的信息交互平台。

围绕突发事件现场应急救援指挥问题，以构建灾害现场救援态势图为出发点，针对灾害现场应急救援指挥面临的复杂环境人员态势感知、动态组网通信及远程接入等问题，借鉴战场联合搜救网络、战术互联网体系结构，提出一种基于 3 层网络的应急指挥物联网系统架构，包含身体局域网、现场指挥网与远程接入网，如图 7–3 所示。

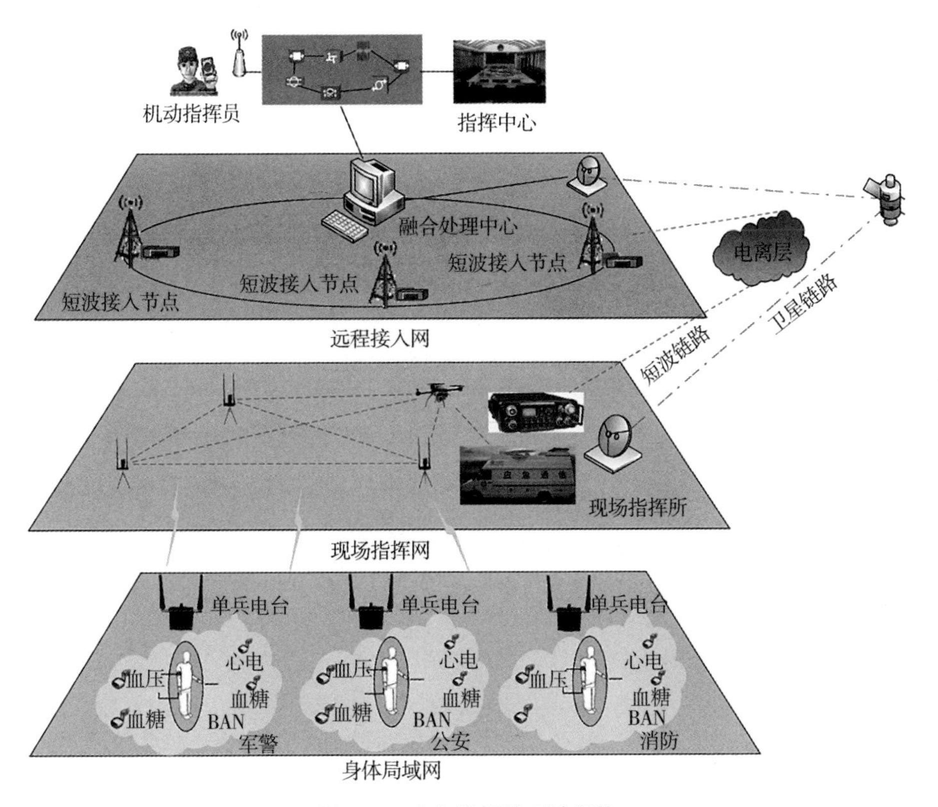

图 7-3　应急指挥的系统架构

1. 身体局域网

工作在人体或人体附近范围内，提供一个由可穿戴式设备或位于人体内部的植入式传感器（装置）组成的无线通信网络，可以持续测量人体状况，是获取救援态势数据的基础网络。穿戴式传感器包括单兵惯性导航定位传感器、北斗（GPS）传感器、心率（血压、血氧）传感器，以实现复杂环境下单兵跟踪定位与生命体征监测。

2. 现场指挥网

灾害现场往往地理环境、电磁环境复杂，救援人员高度分散且无规律运动，这就要求构建强顽健性的单兵移动自组织网络，实现单兵身体局域网的移动可靠接入，同时满足现场指挥部门对各救援单兵的文本、话音、视频指挥，以及单兵之间的协同信息传输。

3. 远程接入网

突发事件现场往往基础设施损毁，形成“信息孤岛”，则现场救援指挥部门需要构建超视距远程接入网络，打通“信息孤岛”与上级指挥机关的信息传递通道，实现上级指挥机构与现场指挥部门之间的话音（视频）及文本传输，同时远程接入网络还需要满足现场救援指挥部门机动过程中的移动接入需求。目前，短波通信与卫星通信是两种较为常用的超视距移动通信手段。

二、应用的关键技术

典型的城市紧急突发事件，如火灾、人质事件等，主要发生在大型建筑物内，由于火场高温有毒、建筑物坍塌等条件导致常规无线电、视频图像、卫星等定位导航技术均难以应用于室内消防反恐场景，消防、特警等救援人员的室内跟踪定位技术成为制约应急指挥物联网建设的首要因素。搜救人员在运动状态下，无法像在自然状态下一样获取体征参数，因此，穿戴式运动监护成为制约应急指挥物联网建设的因素之二。应急指挥系统的使用场景并不固定，突发事件在哪里则应急指挥就在哪里，这就要求应急指挥信息系统具有很强的环境自适应能力，能够在复杂环境下快速部署，适应话音、数据、视频多业务传输的需要，自组织网络传输成为制约应急指挥物联网建设的因素之三。在丛林沟壑、高楼街区等复杂地形环境下，卫星通信覆盖能力严重受限，短波天波通信成为首要的远程机动接入手段，高可靠的短波天波通信成为制约应急指挥物联网建设的因素之四。

1. 单兵室内定位技术

在室内应急场景或者反恐救援行动中，救援行动的高效开展及救援人员的生命保障，需要实时感知单兵位置以实现定位导航。在室内无法利用卫星信号导航的情况下，时间的紧迫性也不允许临时布置基础定位设施，此时唯一可以利用的技术便是惯性导航。早期的惯性传感器，特别是陀螺仪，单个造价非常高，一般的用户根本无法负担。随着 MEMS 技术的发展与成熟，价格及尺寸都大大减少，极大地拓展了惯性传感器的可应用前景。

在室内自主传感定位中，陀螺仪成为惯性导航和制导系统的关键功能部件，其发展水平直接决定导航定位装备和系统的性能。目前，用于惯性信息获取的微惯性传感器件研究较信息传输和信息处理技术相对滞后，严重制约了惯性导航系统和定位技术的发展。在国家深空探测、载人航天、北斗卫星导航系统、常规兵器制导化等重点工程的带动下，现代惯性导航和定位技术得到了快速发展，同时也对惯性器件提出了更高的要求，即陀螺在保证高精度的前提下，还需具备低功耗、小体积、高带宽、高动态范围和高稳定性等特性。传统的液浮陀螺、电磁陀螺和静电陀螺适用于大载体、高精度的惯性导航系统，但普遍存在体积大、启动时间长、存在可动部件等问题，无法很好地满足高带宽、低功耗、小体积等要求。MEMS 惯性器件具有体积小、成本低的特点，通过集成惯性测量单元（IMU）、磁传感单元、高度计测量单元、单兵自主导航处理单元、电源管理单元，以校准各种误差，采用多层约束卡尔曼（KALMAN）滤波技术将人体运动特征、场景建立与交互、智能传感器网络协同导航技术与惯性导航技术深度信息融合，则同样可以实现高精度的单兵自主导航。

2. 穿戴式生命体征信息采集技术

位于人体表面的节点通过组网的方式实现多参数体征信息的采集与处理，即体域网（Body Area Network，BAN）。在节点芯片上，预处理电路实现不同体征参数特征的提取，在 MCU 控制下 BAN 协议模块将数据转换成协议标准支持的格式，处理后的数据由射频电路发射。MCU 采用缩减指令集的设计方式与休眠唤醒机制，设计全速工作模式与二级睡眠模式（浅度睡眠与深度睡眠），可根据需要调整 MCU 工作占空比，关闭 MCU 中暂时不使用的部分。能源管理电路通过接收到的指令控制整个芯片处于正常工作状态或是沉睡状态，动态电压调节电路根据系统任务自动调整各模块工作电压，在保证系统任务完成的情况下，使电路模块运行在尽可能低的电压上。

在预处理电路中，通过敏感元件进行信号采集，并根据前端采集信号的不同，设计不同的片上系统算法，实现不同体征参数的特征提取。例如，可采用小波变换方法对动态心电信号进行数字滤波和特征点标定，设计心律失常和波型分类的识别算法；可采用独立成分分析方法对多心音节点信号进行预处理、特征提取和分类识别；可采用脉搏波传导时间法连续测量、模拟动态血压，设计新的脉搏波特征点识别算法，准确计算血氧饱和度参量。

目前的可穿戴设备主要以腕式手环的方式呈现，监测参数较为单一，通常采用蓝牙或者 Wi-Fi 的方式实现与集中器或者中心设备的沟通，并不是 BAN 系统专用通信协议。因此，根据上述提出的无线传感器节点微结构，仍需要进一步研究高速预处理电路的实现方式，设计支持 BAN 协议的电路模块，建立智能化的动态电压调节电路结构，并以上述微结构设计方案为基础，研制心电、呼吸、心音、SpO_2、血压、体温等典型传感器节点样机，形成微型化、低功耗、标准化、芯片化的医疗物联网传感器节点解决方案。

3. 无线自组织网络技术

无线自组织网络技术是一种移动无线通信技术，适合区域环境覆盖和宽带高速无线接入。通过呈网状分布的多个无线节点间的相互合作和协同，实现高质量的数据传输，并具有动态自组织、自配置、自维护等突出特点，整个网络也能够根据实际情况自适应地形成任意网络拓扑。与常规的通信系统相比，自组织网络具有组网灵活、抗毁能力强、组网快速等优势，特别适合应急指挥信息系统环境适应性强、部署灵活的要求，是解决应急指挥系统自适应网络传输的有效手段。作为一种无线自组织网络，无线 Mesh 网络在 Ad hoc 的基础上抽象出了一个 Mesh，骨干网由专门的网络设备（路由器等）组建，而且组成骨干网的这些设备一般是不移动或是弱移动性的，这就解决了 Ad hoc 终端设备一般无法胜任大规模的网络拓扑结构、大数据量（如音频、视频多媒体数据）转发的难题。通过在室内人行通道或室外无人机上布设路由节点，无线 Mesh 网络特别适用于山区自然灾害救援、室内消防反恐应用场景。

用户智能终端（手机等）的音频、数据信息通过单兵电台接入地面 Mesh 微基站，进而通过无人机中继传输至接入车。地面 Mesh 微基站可用于在复杂环境下延伸和拓宽信号覆盖范围，即开即用，具有快速灵活的特点。指挥车上的车载自组网节点设备可直接将音／视频信息接入监视器或大屏幕进行实时监控与调度指挥。

三、应急指挥中的典型应用场景

基于应急指挥物联网体系架构与关键技术，进一步论述山地城市消防反恐与山区自然灾害救援两种场景下的应急指挥物联网系统集成应用方案。

1. 城市消防应急指挥物联网系统

在室内消防救援场景中，救援人员由于疲劳、现场毒气、恐怖袭击等因素导致自身安全受到威胁。因此，亟须为救援人员提供便携式、可穿戴的生命体征监测系统及定位导航系统，采集消防员在火灾现场的实时位置，通过无线网络汇集数据到现场的指挥中心，实现指挥中心和搜救现场实时沟通，保障对现场消防人员位置和健康的实时监控。对现场环境的实时感知和及时救援，对于把握消防队伍整体战斗力、指挥团体作战具有重要意义。

考虑市区内道路交通基础好、后续增援方便，为增强应对突发事件的快速响应能力，指挥系统采用便携式指挥箱，既便于车载也便于单兵携行，有利于在事件现场快速进行部署。山地城市消防应急指挥物联网系统主要包含穿戴式单兵室内定位与生命体征监测系统、单兵自组网电台及便携式指挥箱，如图 7-4 所示。

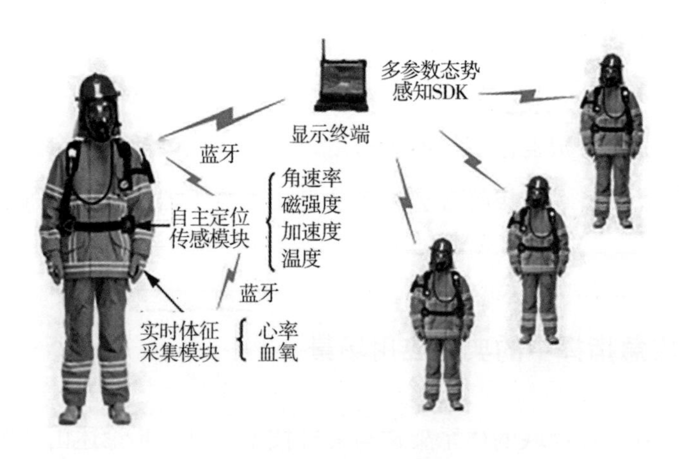

图 7–4　消防应急指挥物联网系统示意

(1) 穿戴式单兵室内定位与生命体征监测系统

消防救援人员可穿戴系统分为两个模块：实时体征采集模块和自主定位传感模块。对于消防单兵而言，实时体征采集模块设计在消防单兵手套上，集成双波段光电传感器，实时采集并计算消防员心率和血氧等生命体征参数，并通过蓝牙将参数发送给单兵自组网电台，通过无线网络传输到指挥中心。也可将自主定位传感模块穿戴在消防员腰间，集成陀螺仪、加速度计、磁力计等多种传感器，实时采集和计算单兵角速率、磁强度、加速度等信息，并通过蓝牙传输给单兵自组网电台，通过无线网络传输到指挥中心，从而形成单兵位置信息。

(2) 单兵自组网窄带电台

考虑到消防反恐单兵主要采用话音、传感数据传输且需要信息保密，因此，消防反恐单兵自组网电台工作在公安专用的 350 MHz 频段，采用无线 Mesh 组网技术实现多达 30 个用户节点话音、传感数据组网传输。

(3) 便携式指挥箱

通过内置的单兵网络电台，实时接收单兵上传的传感数据，基于其搭载的多参数态势感知 SDK 软件模块，结合地图 GIS 可得到单兵的位置、健康信息、周边环境信息、建筑物内部构造及单兵分布情况，极大方便后台监控消防员状态、规划路径，同时指挥中心可实时话音指挥调度任意单兵。消防反恐应急指挥物联网系统可实时呈现消防人员的三维位置信息，实时监测单兵生命体征信息，实现单兵行为识别与动作捕获、远程话音指挥调度，以及救援路线、撤离路线的实时路径优化等。

2. 山区自然灾害救援应急指挥物联网系统

山区自然灾害突发区域通常远离后方指挥中心，应急机动保障分队通常需要配备卫星通信车与短波通信车进行超视距传输，以实现后方指挥中心对应急保障分队行进与处置过程的话音、视频指挥。在某些特殊灾情点如沟壑、丛林、洞穴等，需要通过单兵现场靠近拍摄获取视频资料，因此，山区自然灾害救援单兵电台需要视频传输业务。考虑灾害现场地形的复杂性，往往即使地面多跳节点也难以完全覆盖事件区域，为此在现场区域部署空中直升机节点，以解决广域覆盖问题。山区自然灾害救援应急指挥物联网系统主要包括卫星通信车、短波电台车、系留无人机、单兵自组网电台、穿戴式单兵生命体征监测系统。

(1) 卫星通信车

同时装载单兵自组网电台以实时接收应急现场单兵采集的视频或无人机采集的视频，也可与单兵进行双向话音通信。采用卫星链路，可以将现场无人机或单兵视频回传至后方指挥中心。同时，加装便携式指挥终端，将卫星通信车作为应急现场机动通信保障中心。基于其搭载的多参数态势感知 SDK 软件模块，结合地图 GIS 得到单兵的位置、健康信息、周边环境信息、单兵分布情况，极大地方便后台监控单兵状态，以实现救援路径规划及实时调度。

(2) 短波电台车

卫星通信链路开通流程复杂、时间长，且只能在停驻情况下使用。短波通信作为一种重要的应急机动手段，可以在应急分队开进过程中与后方指挥中心保持机动联络，是卫星通信必不可少的备份手段。

(3) 系留无人机

应急现场复杂的地形、地貌需要空中自组网节点，实现山区 50 平方公里左右灾害区域的有效覆盖。通过无人机吊装单兵自组网电台，既可以作为空中网络节点使用，也可以自由飞行进行灾害现场视频实时采集，并传输至现场指挥中心。

(4) 单兵自组网电台（WIM）

考虑到山区复杂地形环境下无线传输存在的干扰和遮挡等，采用 COFDM 调制技术，保证宽带视频传输的高接收灵敏度。通过 Mesh 路由转发特性，当存在距离过远等问题使两点间的直线链路无法连通时，可通过第三点跳转接力的方式实现连通。单兵电台体积小、功耗低，既可单兵背负，也可搭载在无人机上，满足单兵背负、车载、无人机载等不同场景的需求。

(5) 穿戴式单兵生命体征监测系统

设计为胸带形式，主要采集单兵心率、心音、体温信息。山区自然灾害救援应急指挥物联网系统可实时呈现单兵三维位置信息，实时监测单兵生命体征信息，实现单兵行为识别与动作捕获、无人机空中路由、空中视频采集传输、远程话音视频指挥调度、后方指挥中心与应急保障分队动态通信，以及救援路线、撤离路线实时路径优化等。

应急产业与物联网两大战略性新兴产业融合形成智慧应急产业，必将加快推进智慧城市建设与应急产业发展，对完善国家治理体系、实现城市治理能力现代化意义重大。本节研究基于应急指挥物联网技术的新一代应急指挥信息系统，围绕突发事件现场应急救援指挥问题，以灾害现场救援态势图的构建为出发点，借鉴战场联合搜救网络、战术互联网体系结构，提出了包含身体局域网、现场指挥网与远程接入网的应急指挥物联网系统架构，详细论述了应急指挥物联网建设面临的复杂环境中单兵跟踪定位、穿戴式生命体征监测、移动自组织网络及短波天波远程通信 4 个关键问题，进一步分析设计了山地城市消防与山区自然灾害救援两种场景下应急指挥物联网系统集成应用方案，对构建新一代应急指挥信息系统、推进智慧城市建设提供有益探索。

●●●● 第八章

医疗与健康领域的物联网应用

物联网的产生从本质上推进了整个医疗行业的信息化改进，用简约的数字医疗来完善医疗的标准化，逐步推进医疗流程的标准化和智能化。因此，智能医疗健康管理系统是物联网技术的完美体现，它所带来的全方位、多层次、方便快速的医疗系统，将标志着医院信息化建设的发展趋势。

目前，物联网技术在医疗行业的应用体现主要在身份识别（患者身份识别、医生身份识别）、样品识别（药品识别、医疗设备识别、医疗器械识别、化验品识别）及病案识别（病况识别、体征识别）。根据这些技术可整合成一套智能健康管理系统，如移动护理系统、消毒供应室追踪系统、生命体征自动采集系统、医疗废物管理系统、婴儿防盗系统、远程会诊系统、远程健康教育系统、临床数据管理系统等。

第一节　物联网在医疗领域的应用

一、移动护理系统

针对移动医疗，目前国内医院主要是在现有住院患者信息管理系统的基础上，本着“把时间还给医生、护士，把医生、护士还给患者”的目标，展开的移动医生站、移动护士站。在移动医疗管理中，移动化和条码化是物联网技术的应用热点。

移动化是指医护人员可以随时随地取得数据和使用数据，医护人员随身携带PDA或IPAD等设备终端在病区中查房，通过无线设备终端可以随时调阅患者的历史资料和其他信息，方便医护人员了解患者病情和实施相应的检查。条码化是指通过条码技术识别患者、药品、标本等。智能移动护理可以实现以下功能。

①医嘱条码化，使得输液、口服药、针剂、化验采样、护理操作、饮食限制等做到零差错。

②护理文书规范化、结构化、标准化，提高了工作效率。

③生命体征采集床边化，消除文书转抄，减少错误信息。

④护理信息移动化，待办事项和提醒事项随着走，减少工作遗漏。

二、消毒供应室追踪系统

在智能消毒供应追踪系统中，基于无线网络、无线移动终端设备及二维码可以对消毒包进行全过程追溯。医护人员在移动的状态下，可通过手持数据终端的客户端软件系统，通过Wi-Fi无线网络实时联机，与医院信息系统（HIS）数据中心实现数据交互。RFID和移动医疗相结合，实现医疗服务的移动化。从工作频率上划分，RFID系统可以分为低频、高频和超高频3种，其中超高频RFID系统具有识别距离远、速度快等优点，更适合医疗环境下的应用。

系统可以记录操作人员的消毒过程。消毒过程中，所有操作业务的场所都有无线网络支持，关键功能都可在移动终端设备上实现，可以提供最实时、最准确的业务处理和数据采集。同时，可以借助医院的有线网络及条码扫描枪实现所有业务功能。

三、生命体征自动采集系统

在智能医疗健康管理系统中，生命体征的采集工作主要由护士在不同时间点到患者床边采集完成。动态的生命体征监测系统采用 RFID 技术，结合无线生命体征监护仪，实现监测患者各项生命体征，包括体温、脉搏、呼吸、血压等。

四、医疗废物管理系统

随着信息技术的发展，对医疗废物处理的全程实时监管成为可能，尤其是物联网 RFID 技术的发展，为医疗废物处理环节中的对象和信息的实时采集、监控提供了保障。基于 RFID 技术的实现，确保全过程（打包、暂存、装车、运输、中转、处理）的有效追溯管理；RFID 技术和条码标签的结合使用，提高数据采集和查看效率；具备 RTLS 功能，可对医疗废物进行实时定位和监控。

五、医疗设备智能化管控

随着物联网技术的逐渐成熟，已越来越多地应用于医疗领域，极大地提高了医疗服务的质量与效率。物联网技术可实现各种信息的传递，能够帮助医院实现智能化的运营，通过原始信息的收集、传输、存储等过程最终在各种终端设备上显示，使医院中医疗、护理、管理等各类人员随时随地掌握所需信息并可进行信息交互，极大地节省医院运行成本，提高运行效率，间接减轻患者负担。

物联网传输的各种信息都要由采集器采集后才能入网传输。数据采集器是物联网的触角，采集器是一个传感器，而在医院的特殊环境中要取得各类医疗设备的检测数据，必须设计一种能够与各类医疗设备进行信息交流的数据采集器。医疗设备数据采集器是作为医院物联网的一个组成环节而设计，该采集器读取医疗设备的数据，按照预先约定的协议对数据格式进行整理，然后通过有线或无线网络送到数据库，各种终端与数据库进行交互。

医疗设备效益分析的关键是信息采集，而所有相关信息中最难采集的是单机收入和单机支出。为解决这个问题，需要先解剖单机设备各种费用的发生过程和记录方式，从中找到共性和特性，然后找到解决问题的方法。

1. 医疗设备的效益分析

医院参加效益分析的医疗设备主要分为诊断设备和治疗设备两类，分布的区域主要是门诊部和住院部。患者缴费主要分为门诊现金缴费和住院划账缴费两种方式。无论哪种缴费方式都会在治疗处方、收费记账留下记录，记录又分为手写记录和电子记录两种。如何利用这些记录，是效益分析信息采集的关键。手写记录只能靠手工统计，随着计算机技术的飞速发展和计算机收费及 HIS 系统在我国大多数医院的普及使用，手写记录方式已逐步被淘汰，这为医疗设备的单机收费信息采集创造了良好的条件。首先利用条形码对这些记录进行标记，患者在门诊或急诊部开始第一项检查时就给其配备一个唯一的识别条形码，该患者的唯一识别码应用在医院门诊首诊记录、门诊处方、门诊缴费、门诊检查、住院入院、住院检查及治疗处方、住院结算记录等全过程。医院的所有部门都可共享该识别码下的所有相关信息（授权使用）。至此，我们就可以设计医疗设备单机收入信息采集的流程了。

患者首诊时，即在电子病历及电子处方中给予一个识别码（条形码）。患者缴费时，在计算机缴费记录中标记该码（条形码扫描记录）；患者做各项检查或治疗时，在计算机电子记录中标记该码及设备代码（条形码扫描记录）；检查或治疗科室的计算机根据单机设备代码自动统计该机所做检查或治疗患者的人次（标本）数及收取的费用。简单地叙述就是：缴费单号标记—缴费单机号标记—缴费数据库标记—单机收费统计（使用率统计）。如果计算机为单机工作未网络化，则数据传输过程就变成人工往返传输，虽然也能达到如实采集的目的，但难以达到减少相关人员工作负荷的目的。

2. 手术室设备的收费信息采集

手术室设备不同于门诊或住院部的检查和治疗设备，患者手术通常不是根据设备单机使用计算收费，但手术设备在医院医疗设备投资中占有较大的比例，因此不能排除对其进行效益分析。手术设备只能采取按手术种类和手术量宏观进行效益分析。

3. 单机支出信息采集的分析和设计

医疗设备的支出主要包括：维修支出、对患者检查或治疗中的耗材支出、设备所用水电支出、操作人员人工支出。

通常医院在对医疗设备进行效益分析时，主要提到的是设备的投资回报状况、完好率和使用率。根据笔者分析，设备效益分析除了为医院管理人员提供设备报废或更新依据外，在现实工作中真正让相关人员感兴趣的应该是各时间段的投资回报偏差状况。医院在设备投资前都会进行论证，除了对产品论证外，还要对投资后的未来经济效益进行论证。设备经济效益论证其中一个主要内容就是回报或投资回收期预测，即根据医院所在地医疗市场状况和专科状况，预测日均诊断（治疗）人次；根据当地收费标准预测出日均收益额，除去支出部分，预测出日、月、年投资回报状况。将这些数字在时间与回报的坐标中可以绘出一条预测曲线。当把实际工作的数字添加上后，就能描绘出实际回报曲线。这两条曲线能够清晰反映设备在各时间段回报的偏差状况，这种偏差既能反映设备回报状况，又能反映学科发展状况，还能反映相关人员工作状况（其中也包括设备管理人员和维修人员的工作效率状况）。

六、药物智能化管控

超市和你的冰箱往往都面临着一个共同问题：“最佳使用时限”标签。如果你没有在保质期内吃掉酸奶或者午餐肉的话，那么最好的选择就是扔掉它再重新买一个。食品店也经常会在食品快过期时进行打折销售。

医院也同样面临这个问题，医院的药品货架上经常会有上百种药物过期。这些过期的药物有可能是药膏这样的小东西，也有可能是价值昂贵的通过手术植入人体的耗材，如心脏瓣膜等硬件耗材。在一些情况下，有效期是根据产品材料的变质曲线制定的，另一些产品则是根据其所处的无菌包装失效期限制定的。

Saghbini 是马萨诸塞州 WaveMark 公司的总经理及首席技术官，该公司于 2013 年年底被供应链公司 Cardinal Health 收购。作为公司的首席技术官，他开发了医疗用品监控、位置、使用期限提醒的软件。该软件是基于 RFID 技术开发的，RFID 标签可以放置在一片带有背胶的纸上并附着在任何物体上，然后，这些标签可以发射无线电信号并提供其位置信息。这些标签还可以手工移除或使用读写器进行关闭。沃尔玛等大型零售商使用 RFID 技术已有多年时间了。最近几年，一些医疗设备及耗材经销商也开始在产品出货前进行 RFID 标签附着。Saghbini 称："使用模式不匹配库存水平或不遵循先进先出原则都会恶化情况。"此外，如果一名外科医生或其他专科医生和医院解约，耗材管理也会因医生习惯的变化而变得更复杂。同时，他估计 10% ~ 15% 的医院会在这些耗材临近过期前进行废弃，这导致了每年 50 亿美元的相关损失。

在手术室里，RFID 已取得很大进展，这些标签可以提醒医生患者体内有海绵或其他医疗器械。最近几年，在医疗器械库存管理领域，RFID 技术开始取得进展。贴有 RFID 标签的医疗产品通常存储在一个智能货柜里，这些智能货柜大小不一。当工作人员从货柜取出耗材时，库存追踪软件会对此进行记录。接着，手术室工作人员会扫描该标签并和使用该耗材的患者信息相互绑定。如果该物品未被使用，放回货柜时，软件会自动更改库存信息并从患者记录中移除。医院工作人员可以在线访问库存信息并实时进行追踪。

几年来，Saghbini 已帮助多家医院安装了 RFID 项目。他说，该系统可以对快过期的物品进行提醒并让医院知道这些物品的使用者。这样，医院便可以根据库存信息自动订购耗材，员工也可以实时知道快过期的产品。

Saghbini 称，尽管该技术价格不菲，但通常医院可以在 6 ~ 9 个月内收回投资。他说："使用系统一年内，医院可以减少 20% ~ 25% 的库存。"圣路易斯医院在一个 6 个月的试点项目中节省了 150 万美元的成本，埃默里大学圣若瑟医院则节省了 30 万美元的成本。到目前为止，WaveMark/Cardinal 已在全美 100 家医院内安装了智能货柜及 RFID 系统，但 Saghbini 认为，该技术才刚刚进入快速增长的模式。

七、远程医疗与移动医疗

在物联网的基础应用之上，现阶段通过远程会议、视频等技术，也增强了各地人们之间的直接联系，从而创造出更加便捷和高效的新型服务。将农村、社区居民的有关健康信息通过无线和视频方式传送到后方，建立个人医疗档案，可以提高基层医疗服务质量。借鉴先进的健康管理理念，并结合国人特有体质及地域特点，设计开发对健康人群、亚健康人群、疾病人群的健康因素进行全面监测、分析、评估、预测和实施预防、医疗、保健管理的全新健康管理服务平台。

智能医疗物联网应用可以实现人与物的互联互通，多个对象不同维度的数据汇聚成大量数据，以物联网技术进一步对这些数据进行挖掘，对各种健康风险因素进行全面检测分析，通过远程无线健康管理服务平台，可大大缓解看病难的困境。在健康管理、慢性病管理、医疗救助、移动医护服务、医用资源管理、远程手术、电子健康档案、区域健康检查等方面，智能医疗物联网都有很大的发挥空间。

第二节 主动健康与物联网应用

人的生命体是一个开放的复杂巨系统，在一定条件下具有自组织自适应调控、使生命维持在稳态（健康态）的基本功能。在此基础上，人类健康工程研究人的生命体复杂系统的自组织、自适应调控的原理，以及保持生命体维持在稳态的客观规律。通过人体整体健康状态感知（Sensing）、辨识（Identifying）和调控（Regulating）技术，即 SIR 模式技术，一方面研究人类主动遵循规律的方法，提高维护健康的能力；另一方面研究通过外界因素提高生命的自组织、自适应调控能力，使失稳态（病态）的生命回归稳态（健康态）。本节以俞梦孙院士的健康研究文献为基础，介绍主动健康模式中的物联网应用。

一、健康医学模式与物联网

健康医学模式，主张以恢复机体的整体健康为核心，以多维多层次的整体生命信息作为健康状态的判别标准。基于物联网的人类健康系统工程，是中国工程院院士俞梦孙领军的中国科学家群体提出的新的学科概念，是中华传统优秀健康文化精髓与以钱学森系统科学、系统工程思想为代表的现代科技相融合的结晶；是钱老所预想的未来四大医学（治疗、预防、健康、能力）的共同内核。其内涵是：用从定性到定量的综合集成方法，认识人生命运动规律；通过尊重和顺应人与环境自然协调的规律途径，以恢复和增强人的自组织功能，维持和提升人体整体稳态水平为主要目标，用工程化规模化手段，达到群体化维护健康、适应环境、祛除疾患。而主动健康就是希望充分借鉴现代医学的完整体系，精准量化现代科学手段和先进经验，尝试建立为健康医学提供一个解决方案，完成“疾病向左，健康向右”的伟大转向。

二、人民健康面临的现实问题

从国家统计局网站上获得数据来看，我国国民的健康水平令人担忧。2008年的年度总费用不到1.5万亿元，经过10年的时间，总费用增至5.3万亿元，增幅高达253%，平均增长率达13.4%，远超我国GDP的年平均增长速度。显而易见，如果不加以遏制卫生医疗费用的增长，长此以往，我国政府财政和社会将不堪重负。

尽管我国社会卫生年度总费用在不断增加，然而，2008—2017年，我国每年到医疗卫生机构诊疗的人次从2008年的49亿人次，到2017年增至82亿人次，增幅高达67.3%，平均增长率5.28%。从这两组数据对照来看，我国在虽然不断加大医疗费用的投入，结果却是医疗人口不降反增，越治越多。

人类社会普遍出现疾病越看越多、投入巨大收效却甚微的现象，似乎走入一个死循环，这不得不引起我们对现代医学模式的深思，对医学科学范式本源的追问，也是本次课题需要解决的实际问题。

三、健康主动干预与物联网

从以疾病为中心转向以健康为中心，意味着要从疾病的诊断和治疗模式转变为人整体功能态的检测（Sensing）、辨识（Identifying）、调整（Regulating）模式，简称SIR模式。通过健康医学工程系统SIR模式实现身体管理的整体健康动态闭环运行机制（图8-1）。

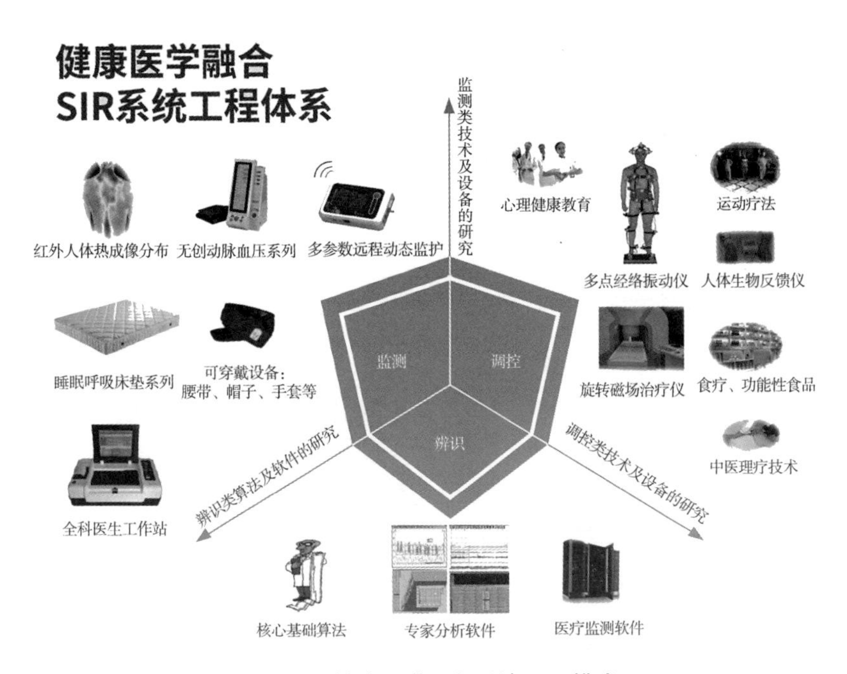

图8-1　健康医学工程系统SIR模式

1. 检测（Sening）

既有人民健康医学工程科学体系的检测，也有传统中医先天体质和四诊相结合，重点关注的是人体功能状态的变化，不是看具体某一参数，而是从时间维度、空间维度、点维度来综合分析整体健康数据。

第一，时间维度。对受测人群使用睡眠呼吸监测床垫，监测整个夜间心动、呼吸、体动，获取睡眠结构分期，与中医十二经络子午流注圆运动时间节律对应的脏腑气血分布相结合。已有的仪器设备包括睡眠呼吸监测床垫、智能腰带和多参数遥测监护（图 8–2）。

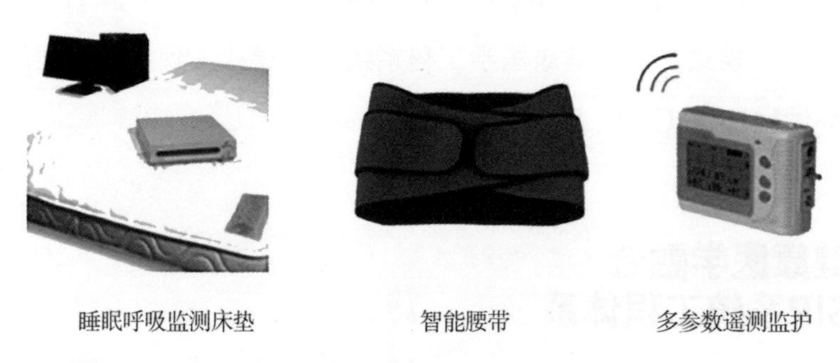

图 8–2 时间维度的体征检测设备

第二，空间维度。采用红外热像分析仪，可即时监测三焦空间上的气血是否通畅。已有的仪器设备包括红外线成像仪和人体热成像仪（图 8–3）。

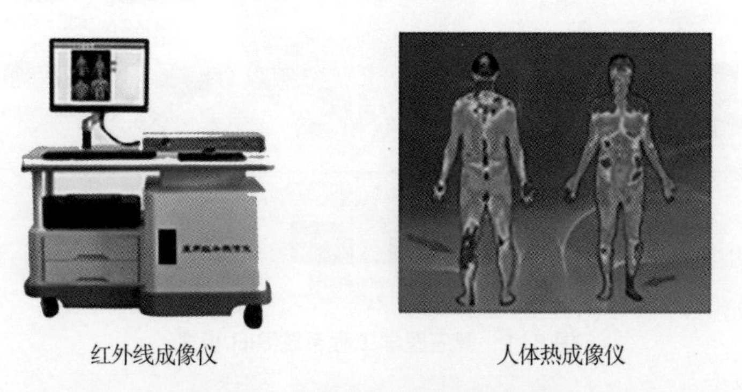

图 8–3 空间维度的体征检测设备

第三，点维度。通过柯氏音血压分析仪，显示动态柯氏音血压趋势 DKT 图，看整个血压脉搏的包络线，查看气血分布，对应识别中医二十八脉象的气血分布，最终可替代中医摸脉。普通医护人员都可以操作。已有的仪器设备包括无创动脉血压计、多参数秒采、智能帽子、智能手套和智能马桶（图 8–4）。

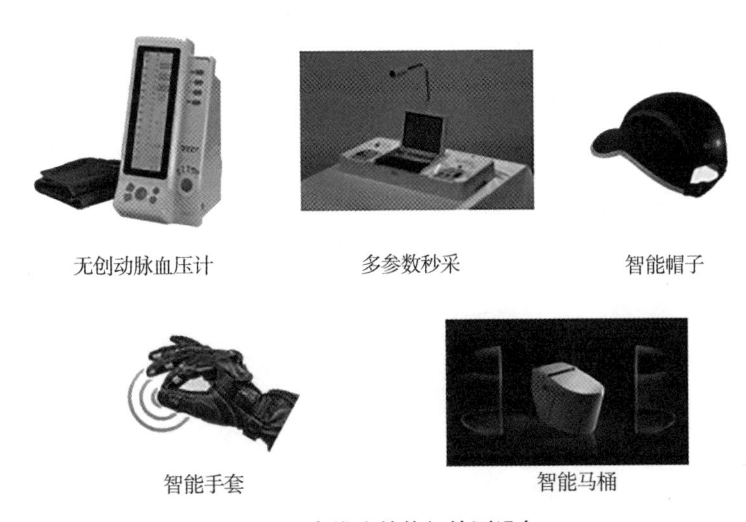

图 8–4　点维度的体征检测设备

2. 辨识（Identing）

通过数据中心对健康人群、欲病人群及患病人群进行全面信息采集、监测、分析、评估，运用中医学“治未病”“整体观念”“辨证论治”的核心思想，以维护个体和群体健康为目的，提供健康咨询指导，出具健康处方。具体做法是将健康医学工程仪器检测、筛选和管理的数据上传到数据中心健康管理平台，由健康医学工程专家核心康复技术团队综合分析疾病的原因、部位、性质，从而从不同的维度辨识出整个人体脏腑的功能状态，如肝郁气滞、气血两亏、痰瘀阻滞或脾肾两虚等，实现量化、可视化，出具个性化六字方针健康处方。技术手段包括建立生命信息实时监护中心、康养综合数据分析中心、全景式视频会诊中心和慢病康复管理中心。

3. 调控（Regulating）

通过多维度全方位健康数据专家辨识，根据其出具的综合性健康处方，有效实施调控方案。主要通过“教、练、食、药、技、械”六大调控干预手段，结合传承中华中医文化的一系列基于人体整体系统康复的方法，改善血液循环，疏通经络，调理人体八大系统，实现整体康复。

其中器械部分通过调控装备，利用健康医学工程技术设备结合中医理念和疗法手段，调理身体功能状态，促进身体健康的稳态水平。包括八虚多点震动仪、红光照射舱、生物反馈仪、垂直律动仪、高血压治疗仪、光子能量排毒袋、肌电 LED 生物反馈仪、石墨烯红外舱和低频旋转磁场治疗仪（图 8–5）。

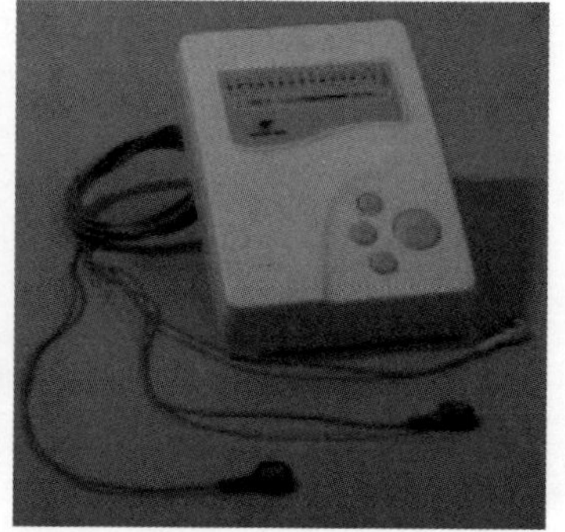

图 8–5　垂直律动仪和肌电 LED 生物反馈仪

第三节　可穿戴设备与健康服务

一、可穿戴设备概况

可穿戴设备是一类便携的计算设备，可方便舒适地佩戴，提供实时监测和信息支持等创新功能，其主要特征是移动性、可穿戴、连贯性、免手或单手操作、增强现实、中介性、情景感知。智能手表、智能手环和 VR 设备是目前较为流行的可穿戴设备，如表 8-1 所示。可穿戴设备作为个人日常数据采集入口和决策支持平台，能更紧密地联系个体与环境，更充分地利用知识资源和技术服务。

表 8-1　主流可穿戴设备一览

类别	佩戴位置	代表	应用
智能手表	手腕	Apple Watch、三星 Gear S3 等	通过智能语音、屏幕手势等交互方式，在移动互联网支持下提供实时计算和信息查询
智能手环	手腕	小米手环、Fitbit Charge 等	用于健康监测、位置追踪等，根据监测结果对用户反馈健康建议
VR 设备	头部	微软 HoloLens、索尼 PlayStation VR 等	可带给用户浸入式的互动体验，在游戏、设计、训练等方面已有尝试性应用
其他	手指、腰部等	李宁智能跑鞋、智能体温计 iThermonitor 等	监测动态生命体征，适应用户习惯等

可穿戴设备依靠各类传感器感知用户状态和环境信息，可靠的数据通信是获取云端支持的关键技术。目前，可穿戴设备的传感器包括三轴加速度计、三轴陀螺仪、三轴磁传感器、GPS、光电心率传感器、高度计、环境光传感器、温度传感器、生物电阻抗传感器、电容传感器等，可获取活动特征、位置特征、心率特征、环境特征、皮肤状态特征、情绪特征等指标，各种传感器是可穿戴设备收集感知数据的基础。为接入互联网云端，可穿戴设备需要标准化的通信协议，目前常用的通信技术包括 4G、Wi-Fi、蓝牙、ZigBee 等，通信方式包括与智能手机通信、直接与互联网通信、通过中介与互联网通信等。其中，低功耗蓝牙 BLE 是应用最多的方案，是一项专门为移动设备开发的低功耗移动无线通信技术，BLE 通过减少待机功耗、使用高速连接及降低峰值功率降低功耗，对续航能力有限的可穿戴设备很有价值，因而被广泛应用。

针对可穿戴设备产业链上下游，各大厂商均有积极投入。英特尔将可穿戴设备作为下一个重点发展领域，推出了适用于可穿戴设备的 Quark 处理器和

MR 头盔 Alloy；三星推出了专用于健康监测的 Bio-Processor 芯片和面向可穿戴设备的 Exynos7 Dual 7270 处理器，并自主研发 Tizen OS 系统平台；苹果推出的 Apple Watch 在智能手表领域独占鳌头；微软推出了一款智能健康手环和一款 VR 头盔 HoloLens，将 Windows 10 原生支持虚拟现实设备：Google 针对可穿戴设备开发了 Android Wear 系统，摩托罗拉、三星、LG、HTC 等都宣布加入，并针对 Android 系统开发出 Daydream VR 平台。

二、穿戴设备在健康领域的应用

可穿戴设备能持续监测个人健康，有潜力改善健康管理和医疗服务模式。可穿戴设备可采集个人连续健康数据，实时数据规模更大、异常情况覆盖更全面、数据特征更完整，能更好地反映用户健康特征的波动趋势，以及时发现潜在的健康风险，对饮食、活动等生活习惯需要注意的要点，通过语音指导、震动提醒、完成反馈等措施督促用户遵守。可穿戴设备可实时监测用户的生命体征，通过移动网络将连续的监测数据保存在云端，利用更强大的计算资源、医疗资源，对这些生理参数进行有效分析，分析结果和专家建议可通过网络回传，再通过人机交互反馈给用户，可实现完整闭环的健康促进。这种方式可用于多种慢性病监测，促进辅助疾病治疗，带动新的健康产业模式。在医疗模式创新上，对个人而言，可穿戴设备会改变健康数据采集和获取模式，改变医疗健康行为，提升健康意识和医疗素养，协助进行健康教育：对医疗服务提供方而言，可穿戴设备有助于优化临床路径，创新医疗服务流程，并在采集健康信息、健康状态的评估、健康促进方面影响健康管理模式，实现更好的收效和更低的支出。

可穿戴设备可有效帮助个人健康管理，并且能产生庞大复杂的个人健康大数据，对个人健康大数据存储和分析的云服务平台有助于开发有价值的应用服务，国外主要的健康数据云服务平台包括 Google Fit、Apple Health Kit 等，国内主要包括阿里健康云、百度健康云等，核心服务模式为应用厂商可将移动设备监测到的健康数据在云平台上存储，云平台提供多种数据分析处理工具和服务，不同厂商和不同应用间还可协同合作，应用厂商可在统一标准的帮助下提供更高级的指导服务。数据挖掘是可穿戴设备分析数据最关键的步骤，决定着闭环健康管理的质量。数据挖掘是从大量、模糊、随机的实际应用数据中，提取隐藏在其中的潜在有用的信息和知识。对个人健康数据的数据挖掘，主要方法包括聚类分析、特性选择、特征抽取、关联规则、分类和预测等。进行数据挖掘时，个人健康大数据需要进行模式识别以判断大规模复杂体征数据所代表的意义，模式定义引擎基于医学知识或医生经验判断，通过有监督学习或无监督学习方式对大数据进行学习，据此识别异常情况特征，利用这一强大的后台计算工具对健康促进策略甚至医疗诊断提出建议。例如，IBM Watson 整合 2000 多家医疗服务商的电子健康记录，优化治疗方案，提高患者认知水平。

可穿戴设备在医疗健康领域的具体应用场景广泛。首先，在健康监测方面，可穿戴设备在老年人慢性病管理中有很好的应用前景，可利用 GPS 定位防止走失，可通过姿态识别防止跌倒，可远程实时监测老年人的作息规律、脉搏、活动量等数据，达到全面的健康监测和预警，预防突发意外风险。对于高发的心血管病，可穿戴设备可通过持续监测进行心脏病预警，除心率监测外，还可通过心音监测、胸壁搏动等手段判断心脏健康。其次，在健康管理方面，通过可穿戴设备，个人活动位置和生活习惯等重要而琐碎的数据可更完整地贯穿起来，对个人健康管理和环境适应将起到重大帮助，通过与生活场景结合的交互方式，能更好地进行健康教育。

可穿戴设备可监测患者日常活动量和睡眠质量情况，评估日常活动功能状态，增加患者的身体活动，促进围手术期恢复。另外，在医疗服务方面，可穿戴设备可与医院信息系统结合，更快捷地监测血压、心率、血氧饱和度、体温和呼吸频率等生命体征并及时报警，利用数据可视化能更及时发现异常情况，整合多方面信息判断患者的病情走向，提高工作效率和临床服务质量。还可对婴儿进行实时监控和追踪，保证安全。

可穿戴设备用于健康促进的策略手段还需更大力度的探索，需要为用户提供更具可靠性和可行性的建议。Patrick 等通过分析 26 名美国大学生使用两类可穿戴设备 6 周前后的使用意向感受，发现越多使用可穿戴设备能带来越多的健康益处，但 65%的受试者两周多就放弃使用可穿戴设备，导致放弃使用的原因包括忘记佩戴、产品外观设计差、数据处理不及预期、数据不准确。Patel 等指出，可穿戴设备改变健康行为的能力不单由设备本身产生，在可穿戴设备的功能特征以外，执行策略的设计和落实能更大程度地影响到用户对可穿戴设备的持续使用和健康获益，具体可从个人鼓励、社交竞争和合作、行为反馈闭环等方面加深可穿戴设备与健康管理策略的结合。目前的可穿戴设备可以提供的监测指标仅限于活动记录、心率测量和简单睡眠记录，无法提供更复杂、更系统的监测指标；各种指标的数据准确性无法保证，且不能反馈给用户有价值的指导意见，导致用户缺乏长期坚持佩戴的动力。

第九章

养老产业与物联网

中国已经步入老龄化社会，养老问题日益显现。运用物联网技术可以很好地解决老年人生理、心理方面的关怀，解决老年人的紧急求助问题及居家养老的长期照护问题。本章介绍智慧养老中物联网技术的应用情况。

第一节　智慧养老的概念

智慧养老的概念最早由英国生命信托基金会提出，当时称为“全智能化老年系统”，即老人在日常生活中可以不受时间和地理环境的限制，在自己家中过上高质量、高享受的生活，又称“智能居家养老”，指利用先进的信息技术手段，面向居家老人开展物联化、互联化、智能化的养老服务。后来，这一概念逐步推广到其他国家，指将智能科技应用于居家和社区养老，根据老年人的多样化需求，构建智能化的适老居住环境，满足老年人的物质与文化需求，提高老年人的生活质量。

2008 年 11 月，IBM 在纽约召开的外国关系理事会上提出了建设“智慧地球”的理念。2010 年，IBM 正式提出了“智慧城市”愿景，希望为世界城市的发展贡献自己的力量。在此背景下，在“智能养老”的基础上进而发展出了“智慧养老”

的概念。“智慧养老”是“智能养老”概念的更进一步发展，从词义上讲，“智能”（Intelligent）更多体现为技术和监控；“智慧”（Smart）则更突出了“人”及灵活性、聪明性。在满足老年人的多样化、个性化需求的基础上，一方面要做得有智慧，即借助信息科技的力量实现绿色养老、环保养老；另一方面要利用好老人的智慧，为老年人打造健康、便捷、愉快、有尊严、有价值的晚年生活。

笔者认为，智慧养老应该是以物联网、互联网为依托，集合运用现代通信与信息技术、计算机网络技术、老年服务行业技术和智能控制技术等，聪明灵活地为老年人提供安全便捷、健康舒适的服务，同时满足老年人个性化需求的养老模式。

第二节　智慧养老系统构建

智慧养老面向的老年人在生理、心理、经验等方面与年轻人有明显的差异，老年人的需求与年轻人也有很大的不同，因此，智慧养老系统在设计与应用过程中会与智慧医疗中的智能产品与服务有所差别，从而更好地满足老年人的需求。根据数据的产生、处理及传递，我们将整个系统分成 3 个部分。首先，底层是智能家居、可穿戴设备等，用来监控老年人的体征状况、住所环境、所处位置等，同时，智能手机等通信工具发挥着紧急呼叫、网上购物等信息传递功能；其次，智能居家养老平台汇总底层通过移动网络和有线网络传输过来的数据，并加以处理；最后，传送至最后一层，即相应的服务机构，包括治疗机构、社区服务中心、超市／电商、家政公司、智能家居提供商、旅行社、老年大学、虚拟社区等，以满足老年人不同层次的需求。根据老年人不同的需求，我们将养老服务分成不同的模块。下面将分别介绍这些模块的原理与运营模式，以及每个模块下的一些智能产品。

一、人身安全监护

安全是老年人居家养老的首要需求，也是智慧养老信息平台为老人服务部分的基础功能之一。将远程安全监护作为最底层的需求与平台模型最基础的部分，是因为相比于传统意义上的居家养老，智慧养老突出的特点在于借助信息科技的力量为养老服务提供支持。生命安全是老人最重要的需求，老年人由于生理条件和反应能力等特点，是意外事件的高危人群，因而对于老年人的安全监护是其首要需求。特别是对于子女不在身边的老人或者白天子女需要外出上班而无人看管的老人，发生意外时无法得到及时的救助，成为威胁老年人生命安全的巨大隐患。

远程监控系统基于宽带网络，高度集成了安防技术、视频技术、网络技术、计算机技术等，是一种质优价廉的中低端视频监控系统。用户可以利用智能手机和无处不在的互联网，随时随地浏览视频图像，同时，系统支持 Web 网站多平台接入、企业客户端和手机登录方式，拥有强大的视频浏览功能，能够实现用户图像分屏查看、历史视频查看、照片抓拍和云台控制等，是新一代的民用安防产品。

通过远程监控技术，可以监控独自在家的老年人的生活起居，有效规避老人发生意外时无人知晓、不能得到及时救助的情况发生。如果铺设重力感应地板等智能家居材料，还可以监测到老年人摔倒等意外情况，及时发出报警信号或通知老年人的子女。配合移动设备，如智能腕表等及无线互联网、GPS 定位、三轴加速度传感器、陀螺仪等技术，还可对老年人实行户外安全远程监控，防止老年人走失。

二、物质保障与生活照料

除了生命安全，生活物资的供应是老年人日常生活的另一个重要需求。老年人行动不便，常常需要别人提供日常的生活物资。为此，智慧养老平台可以与社区附近商家、超市等合作，为老年人提供平台订货、送货上门的服务，让老年人享受到足不出户就能吃到新鲜蔬菜、喝到当日的牛奶，生活日常用品可以全部送货上门。

由于身体机能的衰退，很多老年人不能很好地打理自己的住所，因此家政服务也是老年人的一个需求。为此，智慧养老平台与家政公司合作，老年人可以在家预约家政服务，如保洁、水电维修、家庭装修等。服务人员上门提供生活帮助服务，服务的质量及服务人员的服务态度等都可以直接反馈到智慧养老平台的帮助中心，中心的管理者根据反馈情况选择优质的家政公司形成长期固定的合作，给老年人提供更加优质的服务。

智能家居在老年住宅中也将有所应用，包括遥控家中的电器、调节家中的空气和音乐等。例如，在智能建筑中实现移动电话、传呼机信号转发的功能，利用高加密（电话识别）多功能语音电话的远程控制功能，即使老人在外面也可通过手机、固定电话来控制家中的空调、窗帘、灯光及电器，使其开启或关闭，设定某些产品的自启动时间，还可以通过手机或固定电话知道家中电路是否正常，既方便老人的日常生活需要，作为儿女也可随时查看家用电器状态等。另外，远程视频使得老人与家人之间的联系更加紧密，特别是子女不在老人身边时。

老年人的身体每况愈下，患有慢性病的老人越来越多，因此老年人离不开日常的护理。当老年人呼叫护理的时候，智慧养老平台会从社区医院等相关机构中筛选出合适的护理人员，为老年人提供全面的护理服务。特别是当老人紧急呼叫后，中心人员首先打开视频监控，判断老人需要何种紧急救助措施，然后迅速派单处理，及时有效地解决老年人的困难。

三、健康医疗

进入老龄阶段以后，反映人体健康状况的各项生理指标都开始偏离正常水平，机体自身对致病因子的抵抗能力和免疫能力随之减弱，整个机体存在极大的不稳定性。因此，相对于年轻人，老年人更加易于患病且更不容易康复。于是，建立在物联网、可穿戴设备基础之上的居家养老智能服务，首先就要对老年人的各项生理指标进行实时采集、监测与分析，建立每个老年人的健康档案，便于老年人进行自我健康管理，以及更加准确及时地对疾病进行诊断与治疗。因此，根据老年人的身体状况，老年人的智能健康医疗服务又可分为自我健康管理及智能治疗与康复。具体细节见第十一章。

第三节　智慧养老中的物联网应用

智慧养老首先要将老年人的体征状况、居住环境、生活需要等转化为数据，这也是数据信息传送的第一步，即数据信息的产生。而物联网是实现这一步的基础，其中比较关键的技术包括射频识别（RFID）技术、传感器技术、传感器网络等。

一、射频识别（RFID）技术应用

RFID 技术在养老中的应用主要在养老机构入住人员的身份识别、移动轨迹辅助识别和养老机构中健康医疗用品识别。

二、医用传感器技术应用

如今，市场上各种各样的可穿戴设备便是配有各种不同传感器的智能设备，用来采集人体的生理数据，如血糖、血压、心率、血氧含量、体温、呼吸频率等。

血糖无创连续监测技术主要通过皮下间质液测量血糖浓度，即利用汗液、唾液等人体渗出液，通过计算血糖浓度与渗出液中葡萄糖浓度的相关性测量血糖。其中，美国 Medtronic 公司最先推出获得 FDA 批准的血糖实时连续监测系统（CGM）。另外，由美国 Spectrx 公司开发的血糖测试仪则是用激光在皮肤角质层上开启一列微孔（无疼痛感），然后由特制传感器收集间质液并测量分

析出血糖值。

血压的无创连续监测技术有以下 3 种。

①通过桡动脉脉搏幅值来确定血压值。新加坡健资国际私人有限公司开发的腕表式连续脉搏血压测量仪和美国 Medwave 公司开发的 Vasotrac 腕式血压测量仪使用了该方法。

②通过脉搏波传速来确定血压值。利用生物电极和光电传感器来测量脉搏波传速，并利用血压测量“金标准”对传速与动脉血压关系进行校准，确定血压值。

③通过脉搏血容积变化来确定动脉血压值。借助光电传感器测量脉搏血容积变化量，通过流体静力学及血容量变化量与经皮压力之间的关系确定平均血压值，该技术还处在研发阶段。

血氧的无创连续监测可以用附着在耳垂、脚趾或手指上的脉冲血氧计测量血氧饱和度。美国 SPOMedical 公司推出的“血氧手表”可在使用者睡眠过程中监视其血氧饱和度，降低睡眠窒息症患者在夜间呼吸阻碍的危险。

快速呼气疾病诊断仪采用三元传感技术，通过检测呼出气成分的改变诊断人体器官是否出现病变，实现多种疾病的快速无损诊断。产品可广泛应用于心肺、肠胃、肾肝、糖尿病及癌症等常见病、多发病、慢性病的基层筛查及家庭自检。一方面，快速呼气疾病诊断仪可用于社区基层筛查，老人可定期到社区诊断新陈代谢类疾病、常见病、多发病和慢性病，社区为老人建立专属的健康管理档案，及时更新诊断结果；另一方面，简化版的快速呼气疾病诊断仪也可用于家庭自检，老人的测试数据通过无线传输方式上传至云服务器，云端对测量数据进行分析得出诊断结果，并把诊断结果发送至手机 APP，实现远程诊断，子女也可以通过手机 APP 实时掌握老人的健康状况。通过基层筛查、家庭自检与医院复诊相结合的方式，不仅可以尽早发现老人的疾病，还可以有效利用有限的医院资源开展治疗服务，为老人的健康养老提供保障（图 9–1）。

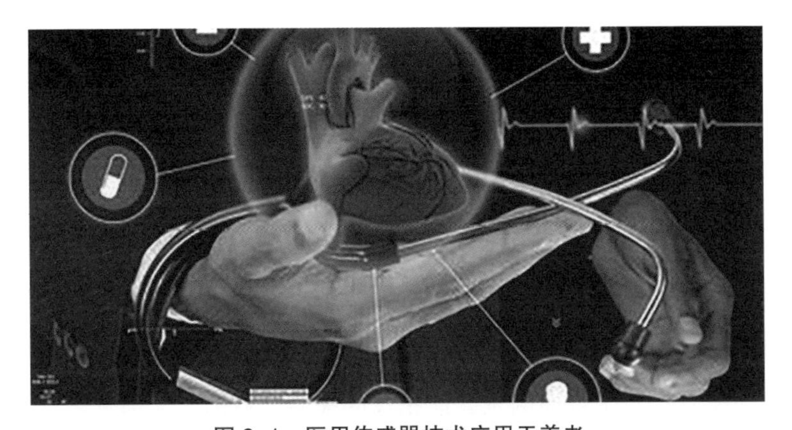

图 9-1　医用传感器技术应用于养老
（来源：https://www.wanlianzhijia.com/News/show/id/19372.html）

三、智能马桶与可食用“计算机”

智能马桶是多项物联网技术的集成，马桶内置装有多种传感器，在如厕时可直接检测体温、体重、气体、血压和尿糖等多种人体健康指标的变化。数据会在马桶旁边的屏上显示，同时传输给电脑并自动生成健康数据报告。

加州数字健康公司开发出的类似药片的传感器设备（迷你机器人、可食用“计算机”），通过胃酸功能，在消化系统中检测重要生命体征和血液流动情况，还能直接无线传输到配套的手机 APP 上（图 9-2）。

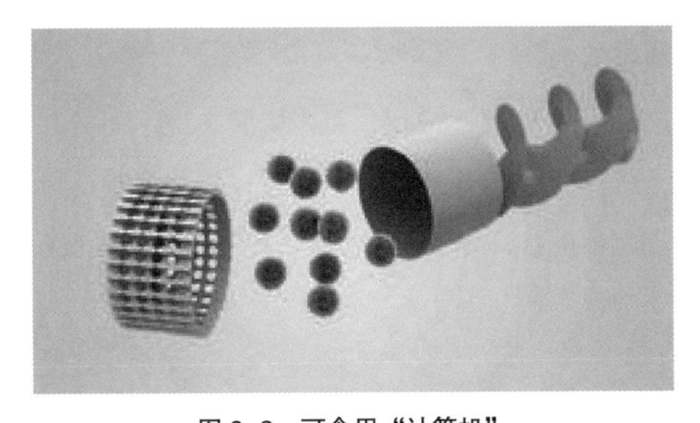

图 9-2　可食用“计算机”
（来源：https://www.sohu.com/a/235366415_427506）

四、智能拐杖

在今后老年人的生活中，智能拐杖将会是非常重要的出行工具。除了LED手电筒、收音机、即时通信系统等基本功能外，智能拐杖还应该具备加速度传感器、GPS定位器等装置。当老人发生跌倒或其他紧急情况时，拐杖能通过无线信号发射器及蜂鸣报警器等向外传达警报及位置信息，使得老年人能够在最短时间内获得救援。

如何判断老年人是否摔倒是智能拐杖的关键。目前，大部分智能拐杖采用的方法是通过加速度传感器实时获取当前的静态重力值，微控制器通过特定的算法判断当天拐杖的倾斜角度，从两个方面来判断老年人是否摔倒。当拐杖倾斜角度大于一定的值时，先用蜂鸣器报警一分钟，若是误报警可以按特定的按键取消报警。如果一分钟内无人取消，则认为不是误报，微控制器通过实时接收当天模块GPS的定位信息，同时发送指令至通信网络模块GSM，控制通信网络模块将定位模块GPS的经纬度发送到公共通信网络，GSM终端通知家人或相关人员前来救扶。

五、红外报警器

在智能居家养老系统中，当老年人在家发生意外或者居住环境发生意外时，报警器就会产生危险信号，通过网络将信号发送给相关人员，主要产品有红外线报警器、烟感报警器等。

红外线报警器是一个体温感应仪，可以安装在洗手间或老人常去的地方，如果老人连续四五个小时没有在感应仪前通过，报警器就会自动报警，服务中心可马上拨打老人家中电话，如果没人接听，可通知相关人员前往。

六、红外智能气体监测器

室内空气污染和燃气泄漏事故对居家养老来说是必须关注的要素之一，也是居家养老对安全保障的基本要求。中国每年约有 11.1 万人死于室内空气污染，燃气泄漏导致的中毒和爆炸事故屡见不鲜。室内空气污染和燃气泄漏对老年人的健康养老构成了严重威胁。

红外智能气体监测器采用红外复合测量技术，可同时检测环境中的二氧化碳、甲烷（天然气的主要成分）、一氧化碳（煤气的主要成分）、甲醛和挥发性有机物（VOC）等 5 类有毒有害及易燃易爆气体，产品使用寿命长、免标定，支持固定式检测和移动检测，具有二级报警功能。如果环境空气质量恶化，气体监测器将执行声光报警、手机 APP 推送报警信息，同时智能家居系统会根据污染物种类联动新风系统、推窗或开启具有净化功能的空气净化器。气体监测器还可以检测甲烷和一氧化碳的浓度并以此判断燃气是否泄漏。如果燃气泄漏，气体监测器将执行声光报警、手机 APP 推送报警信息，同时智能家居系统会根据泄漏源联动阀门关闭装置或推窗。另外，子女在接到报警信息后也可提醒家中老人采取应对措施。

智能化养老系统采用传感网络、云计算、物联网、移动互联网等技术，以老年服务需求为出发点，系统涵盖日常基本信息管理、老年人安全监护、健康监护、老年人外出看护、生活照料、社交学习等一系列模块，确保服务人员能够实时准确地检测和管理老年人的生活起居和健康状况，在出现特殊情况的时候能以最快的速度响应，从而为老年人的生命安全与健康舒适的生活提供保障。

第十章 ◉◉◦•

基于物联网的智慧交通

智慧交通是以互联网、物联网等网络组合为基础，以智慧路网、智慧装备、智慧出行、智慧管理为重要内容的交通发展新模式，具有信息联通、实时监控、管理协同、人物合一的基本特征。本章将以论文《基于物联网的智慧交通系统建设研究》为基础，介绍物联网在智慧交通管理中的应用。

第一节　智慧交通的概念

智慧交通系统（Intelligent Transport System，ITS）是指将先进的物联网技术、通信网络技术、卫星导航与定位技术、电子控制技术及计算机处理技术等有效地集成运用于整个交通运输管理体系，而建立起的一种在大范围内全方位发挥作用的，实时、准确、高效的综合运输和管理系统。其目的是使人、车、路密切配合达到和谐统一，发挥协同效应，极大地提高交通运输效率，保障交通安全，改善交通运输环境，提高能源利用效率（图 10-1）。

智慧交通可以实现以下功能。

1. 更透彻的感知

依托物联网技术，利用嵌入道路中的传感器可以监控交通流量；利用车上安装的传感器监控车辆状态，并将其移动的信息通过互联网、通信网传送到交通网。

2. 更全面的互联互通

建立在云计算、互联网等先进信息技术和电子技术基础上的整合的无线及有线通信，可以对交通状况进行有效计算和预测，以帮助城市规划者实现交通流量最大化。

3. 更深入的智能化

智能化的交通基础设施可以更加智慧化地优化交通网络流量，并改善用户总体体验。

图 10-1 智慧交通的概念

（来源：https://www.sohu.com/a/310397472_120041098?referid=001cxzs00020008）

第二节 基于物联网的智慧交通系统

一、车辆统一监管和服务平台

为实现车辆监控管理规范化，保证综合信息服务的开展，应在监管服务平台统一纳入各类车辆信息，全面提高行业管理水平，通过平台保证政府、交通管理部门、运输单位、车主等各方均可获益。基于物联网建立的车辆统一监管和服务平台，主要依托移动通信传输网络。通过 GNSS 监控系统，可通过浮动车等技术，实现实时监控城市路网运行状态，能够提供的信息服务包括车辆位置、轨迹、运行速度等。在智慧交通中，车辆统一监管与服务平台涵盖的子系统较多，可分为旅游车、长途客运车、物流车、出租车、公交车等。

二、交通智能引导系统

基于物联网可建立交通智能引导系统，利用交通引导信息收集管理平台，可全面采集交通相关的原始信息，如动态交通信息和停车位信息。各类信息经处理之后，可利用多种终端进行发布，及时传递访客感兴趣的信息，如最优路径、停车位信息等。在室内停车场，还可实现预定车位的作用。建设交通智能引导系统，是为了利用物联网技术对各类交通行为信息进行全面采集，且利用手机客户端、短信、呼叫中心等终端模式进行传递、发布，从而达到便民、避免拥堵等目的。根据智慧交通建设要求，交通智能引导系统在物联网技术的指导下，以交通智能引导综合数据中心为中心，以交通智能引导综合支撑平台为平台，以小区短信应用、路口引导牌、综合交通信息指示牌等为子系统。通过该系统的建立，可达到为人们提供优质出行服务的效果（图 10–2）。

图 10–2 交通智能引导系统

（来源：http://shop52797.21csp.com.cn/atricle/2053097.html）

三、实时动态交通信息服务系统

实时动态交通信息服务系统主要利用信息化技术建设，可充分应用现有道路资源，提高道路利用效率，从而起到缓解交通拥堵的作用。此外，该交通系统可实现人、车、路的统一，通过采集、处理信息，改变当前被动式的交通运输环境，便于在出行前或行车过程中利用各终端方式掌握当前的交通状况，也可通过交通曲线、数据等，便于交通部门掌握各路段的交通状况，更好地跟踪、发布动态交通信息，最大限度地提升整个交通系统的通行能力（图 10–3）。

图 10–3　实时动态交通信息服务系统

（来源：https://auto.gasgoo.com/News/2017/07/27045046504670019173C601.shtml）

四、数据安全系统

在智慧交通系统建设中，安全是系统建设的根本，为此，在系统建设中，必须保证数据的安全。需要从 4 个层面构建安全管理体系，即应用层安全、系统层安全、数据层安全、网络层安全。在应用层面，安全防护是面向用户的应用程序，因此可以实施访问控制、协议修改、数据加密等细粒度的安全控制；在系统层面，加强基础服务软件如操作系统、数据库、数据中间件等的安全漏洞防护；在网络层面，物联网所产生的数据通过国产密码算法加密传输，利用互联网进行传输，通过数据共享交换实现智能交通系统数据的融合；在数据层面，采用建立智慧交通专有云平台进行软件部署、数据存储、备份等，通过对专有云平台的网络安全规划，建立专属网络传输通道。

综上所述，伴随我国科学技术水平的不断提高，交通运输行业也取得了显著的成绩。然而，在城市交通运输系统内仍存在诸多问题，为推进城市化发展，实现交通运输行业可持续发展，我国一线、二线城市逐步引入智慧交通系统，特别是在物联网技术的支持下，智慧交通系统的不断完善，为整个交通事业发展做出了积极的贡献，且发挥着巨大的作用。在智能交通的基础上，智慧交通逐步优化，通过移动网络、物联网技术的充分利用，可最大限度地利用道路资源，缓解交通压力，为人们的出行提供更多更好的建议，为我国交通运输事业的发展提供可靠保障。

●●●● 第十一章

基于物联网的共享服务

近几年，共享服务迅速崛起，主要缘于物联网技术的成熟与发展。可以这么说，如果没有物联网技术，就没有共享服务。本章介绍共享单车、共享汽车和共享快递柜应用物联网的情况。

第一节　共享单车

共享单车是指企业在政府监管下，在公共区域提供自行车共享服务，是共享经济的一种新形态。

自 2016 年以来，在互联网浪潮的推动下，一种新的自行车短期租赁模式在各大城市突然火爆了起来，主要解决出行的“最后一公里”问题。早期共享单车是由 OFO 提出共享出自己的单车给别人使用，同时获得他人单车的使用权，到后来变成由平台提供车辆、用户使用车辆的短租模式。从最初的 OFO、摩拜等从校园及重点城市布局，经过一段时间的运营后，开始涉及公众市场及二线城市，在市场大环境的推动下，2016 年有不少于 20 个新共享单车品牌汹涌入局，其中不乏老牌车企及互联网企业，后续还陆续推出了共享电动自行车。

随着资本市场的逐步退热，一度被戏称为颜色大战的大多数共享单车品牌匆匆退出市场，停止运营。最初入局的OFO退押困难，摩拜单车以出售出局，当然市场也不乏后来者，如青桔单车、Hello单车等在资本的推动下逆势入场。

说起共享单车，不得不提及背后的技术问题，我们先来看看典型车企用到的车锁技术（表11-1）。

表11-1 典型车企采用的车锁技术

品牌	解决方案	技术	特点
OFO	手动密码锁（先期） 电子密码锁（后期）	固定密码／固定密码＋状态返回	价格低廉，便于快速投放，低耗电，缺乏可控性
摩拜	GPS电子锁	车锁状态／指令开锁／位置查询／音频提示	价格高，耗电量高，可靠性高，可控性强

由表11-1不难看出，无论是任何类型的车企都希望尽可能地实现现实可控，在可控的前提下寻找资金与市场的平衡点。OFO先期采用的传统的手动密码锁，密码固定，缺乏一切可能的传感器，车辆状态、位置均不可控，只要开锁一次，就可以虚假锁车，甚至永久占用该车辆。后期采用的电子密码锁，增加了车锁状态的回传，车锁通过基础电信网络向车企回传车锁开闭状态，车企可以通过该状态确认是否锁车，实现计费，但由于密码不变，用户在锁车后，可以再次利用该密码二次开锁，轻松实施非授权使用。由于缺乏定位数据，车辆位置仅能根据用户锁车时手机提供的位置信息大致估算车辆位置，导致寻车困难。

以摩拜单车为代表的企业在初期就采用了GPS电子锁，集成GPS、开锁状态、震动等传感器，实现明确位置查询、车辆状态查询、非法移动车辆声光警告、开闭锁提示等（表11-2）。

表11-2 GPS电子锁常见元器件及用途

传感器／元器件	能耗	用途	一般策略
GPS	高	位置信息	在开锁及锁定状态、正常与非正常状态下采取不同的定位间隔实现能耗及可靠性的平衡

续表

传感器 / 元器件	能耗	用途	一般策略
电控锁及 ST 主控芯片	低	开锁状态	核心部件为 ST 主控芯片，用于控制其他硬件，锁体状态一般采用行程开关或触点开关
震动传感器	中	非授权移动、摔落等信号	锁闭状态下激活，提供非法移动信号
移动通信	中高	数据传输	数据传输，实现状态回传，服务器端下发指令接收。一般采取间歇数据传输以节省能耗
蜂鸣器 / 喇叭	低	提示音 / 警示音	开闭锁及非法移动时触发
LED	低	状态提示	开闭锁及非法移动时触发
电池及充电模块	低	储能、供能	一般采用锂电池加太阳能及传动轴充电

利用该电子锁，可以很方便地实现可靠的调度及计费，用户通过扫码向服务器发起请求，服务器验证后向车锁下发开锁指令，由车锁反馈开锁状态给服务器后，服务器反馈状态给用户手机同时开启计费。当用户结束用车时，智能锁将车锁状态、位置信息等发送给服务器，服务器结束计费，并将车辆标记为可用状态提供给其他用户，并发送计费信息给用户手机（图 11–1）。

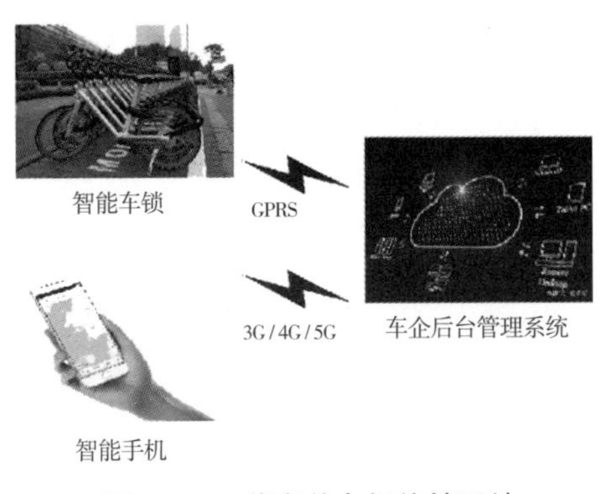

图 11–1　共享单车智能锁系统

第二节 共享汽车

共享单车的应用，解决的通常是“最后一公里”的问题，涉及中长距离的出行，原有的方式是出租车、网约车及车辆租赁。传统车辆租赁的流程烦琐及人工成本高昂的问题也越来越明显，随着技术的发展，传统车辆租赁也被现代技术逐步替代。

汽车作为需要持有相应的驾驶证方可驾驶的交通工具，首先要确保使用人有合法的使用权，同时，作为高价值的物品，加上驾驶人使用的过程中可能产生的违法违章及交通事故等因素，企业财产的安全性也需要严格保护，企业也需要在用户使用后一段时间内对用户使用行为产生的影响有追偿的能力。加上能耗问题、停放问题等，所以，共享汽车的平台设计与共享单车的平台设计存在较大的差异。

首先需要关注一下现有的几个共享汽车品牌及运营模式。无论何种运营模式，都需要重点关注共享汽车管理系统，车辆介入控制系统等方面的问题（表11-3）。

表 11-3 常见共享汽车运营模式

品牌	运营模式	车型	充电模式	备注
盼达	分时租赁	力帆 620EV	服务人员换电池	计划开展无人驾驶项目
Gofun	分时租赁	奇瑞 EQ、北汽 EV200、江淮 iEV	使用第三方充电国家电网充电桩和流动充电车	
绿狗	分时租赁、长租、电动出租车	特斯拉 S85、S60 北汽 E150、奇瑞 EQ、北汽 E200、之诺 1E	还车时用户负责连接充电桩	
EVCARD	B2B、B2B2C、B2C 长短租	荣威 E50、奇瑞 EQ、北汽 EV160、宝马 i3 等 9 种新能源车型	壁挂式充电桩，立式充电桩，还车时用户负责连接充电桩	
易开	分时租赁	奇瑞新能源	普通充电桩	

续表

品牌	运营模式	车型	充电模式	备注
一步用车	B2B、B2B2C、B2C 长短租	知豆新能源，海马新能源	壁挂式充电桩、立式充电桩，还车时用户负责连接充电桩	已停止运营

共享汽车管理系统的设计目标是保证车辆安全运行，实现用户审核验证，确认车辆具体位置、车辆状态、交通违法、交通事故等功能，满足共享汽车用户甄别、信息服务、运营管理、设备维护、辅助决策的需要，保障企业安全运营和高效管理。

车辆介入控制系统的设计目标是确认车辆基本信息及车辆状态，车辆授权使用及锁定，车辆远程控制，车辆安全控制及紧急报警，运维数据收集及辅助分析，实现车辆安全可控。

为实现上述功能，往往在系统设计初期利用自身及第三方数据实现用户认证及授权管理。例如，驾驶人身份确认一般通过公安数据库，是否是高风险用户一般通过各类授信平台或采取押金模式，确认用户是否是实际使用人通常采用生物识别的方式，如人脸识别、声纹识别等。

对车辆信息的查询，一般利用车辆生产企业提供的各类接口实现，一般来说，新能源汽车基本上都实现了车企互联，车载信息系统会将整车关键运行数据、驱动电机数据、燃料电池数据、发动机数据、车辆位置数据、极值数据、报警数据等按一定时间间隔上传给车企。例如，整车数据主要包括大部分仪表显示的关键信息，即车辆是否启动的状态、运行模式、车速、里程等。同时用户也可以利用授权的手机端 APP 发送控制命令，TSP 后台会发出监控请求指令到车载控制系统，车辆在获取到控制命令后，通过 CAN 总线发送控制报文并实现对车辆的控制，最后反馈操作结果权到用户的手机 APP 上，这个功能也可以帮助用户启动车辆、打开空调、调整座椅至合适位置等。当然运营企业也可以通过该项技术，实现对车辆的远程授权与解锁、远程熄火断电、远程报警等功能。

上述数据在对运营企业的决策上也有很大的帮助。

第三节　共享快递柜

在信息技术高度发达的今天，“最后一公里”问题依然困扰诸多行业，快递也不例外，快递的“最后100米”成为行业的痛点：用户不在家，在家不派送，公司周末无人，代收容易丢失等。为解决这一问题，快递行业的“共享单车”——智能快递柜应运而生。

传统的解决“最后100米”配送难题需要快递员多次配送，效率不高且增加成本。智能快递柜利用物联网实现自动管理和社区O2O承载，被视为解决快递终端配送的有效方案，用户不用担心代收丢件、冒领风险，也不用担心派送时间问题。快递员在降低配送成本时还能提高送件效率。从这个角度看，这是一套多赢的解决方案。

2012年年底，速递易率先进入智能快递柜市场，其背后的三泰控股利用物联网技术快速实现上市增值，市值一度高达500亿元。2013年，丰巢、阿里、京东、苏宁、E邮宝等传统快递业、电商企业及背后的资本关联方纷纷加入市场竞争。整个行业进入爆发期。这一模式和共享单车极为相似：企业大量投放快递柜占领市场，用户（包括消费者和快递员、快递公司）通过线下回流，形成商业闭环。

快递员在被授权使用后获得使用快递柜的权限，经过身份认证后，将快件刷码放入快递柜，快递柜利用云端后台获取收件人信息，并发送通知给收件人，收件人收到信息后，根据系统验证码或者进行生物认证后取件。这套工作流程为社区O2O承载提供了可能（图11–2）。

利用该系统，运营者可以很方便地实现对用户的广告投放，甚至可以根据用户的行为特征进行精准广告投放，经过长期的数据累计，后台决策系统可以对用户特征进行优化，实现更加精准的广告投放（图11–3）。但是，2020年第二季度，丰巢快递柜收费引发的争议，也凸显了快递柜运营企业盈利能力不足，盈利模式成为行业痛点。

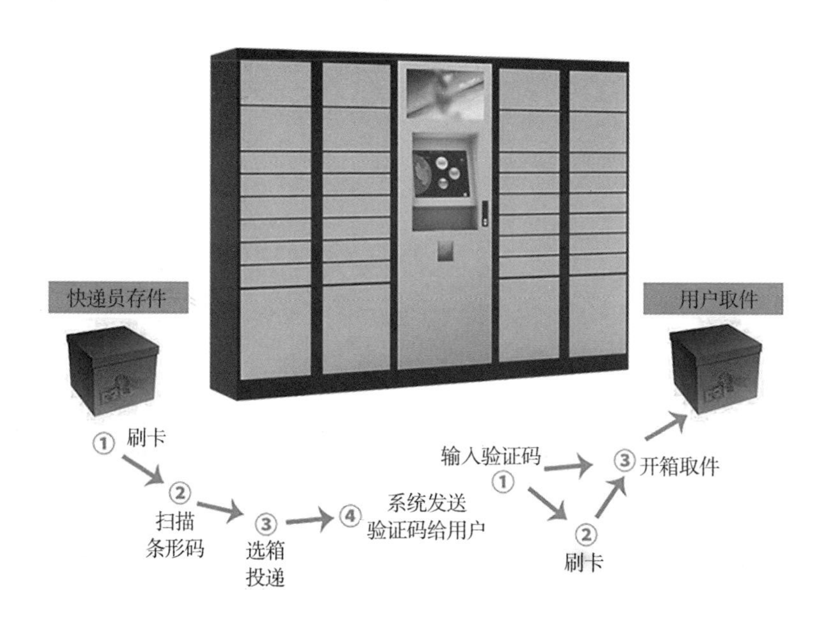

图 11-2　共享快递柜工作流程

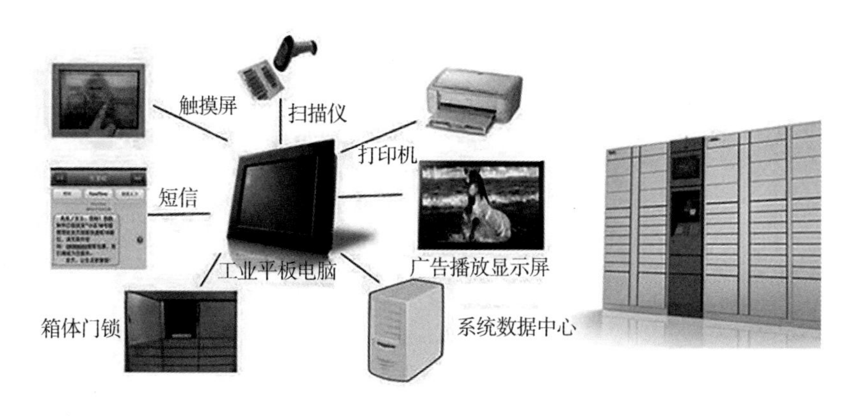

图 11-3　共享快递柜后台管理

经过数年的验证，作为物流“最后 100 米”配送难题的解决方案，智能快递柜用过去证明了自己的商业价值。未来，智能快递柜也许会更加小型化、智能化，甚至自动入户，它或许能真正成为智能化社区 O2O 业务的入口，串联起该生态链上的各种服务。我们也有理由相信，智能快递柜将会是一个趋势，也将在未来成为物联网的基础设施，承载社区 O2O 更多的商业可能性。

在当下，无论是“互联网 +”还是物联网，乃至不断发展的智联网及云平台，都在不断地试错、不断地发展，整个行业前景一片光明。

本篇小结

本篇介绍的是物联网在现实生活中的应用场景。从2009年时任总理温家宝提出发展物联网的构想，经过十余年的发展，物联网应用已经深入我们日常生活的方方面面。囿于篇幅所限，本篇只介绍部分与百姓生活密切相关的应用领域，涉及智能建筑、智能小区、智慧社区、城市安全、消防救援、医疗健康、养老服务、智能交通和共享服务等。尤其在安防行业、智能建筑、智能小区建设等方面，我国发展得很快，形成了一个庞大的产业。从20世纪90年代引进国外可视对讲开始，国内电子行业发力物联网产业，边用边学，不但实现常规品种的全国产化，而且发展了如可识别车牌的停车场、面部识别的门禁系统、高清监控摄像机等高级别产品，并实现出口。

但同时也应该看到，虽然我们由现实应用推动的物联网产业发展迅速，但是传感器、芯片等基础部件基本依赖进口，是我们发展物联网产业的短板，即重视了应用开发，轻视了基础研究。资本催生的共享单车，也没有技术门槛，造成一窝蜂的局面。同时，在物联网应用中，也很少有企业关注物联网安全，造成漏洞大量存在。例如，某大型监控行业企业，出口国外的设备中就被发现有重大安全隐患。一些重大工程或者重点工程中，涉及个人和部门的重要信息轻易地就落到了工程商手中，因为他们需要调试门禁系统。用户单位也缺少安全意识，在管理上存在漏洞。因此，物联网发展中的基础研究重要性和应用中的安全重要性怎么强调也不为过。

第三篇

从物联网到智联网——物联网的未来愿景

物联网发展了十余年，取得了巨大的成就，得到了广泛的应用。在云计算、大数据、人工智能快速发展的今天，物联网发展遇到了新机遇，从“物联网”蜕变成为“智联网”，从而有了新的发展空间，展现了物联网发展的美好愿景。

第十二章 ◉◉◉◉

智联网的技术基础

第一节　什么是智联网

2017年11月28日，在由光际资本、36氪、特斯联联合主办的“万物智能·新纪元 AIoT 未来峰会”上，与会专家及行业嘉宾认为，随着物联网应用场景的不断拓展，行业空间逐步扩大，人工智能进入发展的下半场，其与物联网结合，将打开人工智能真正落地的重要通道，并首次正式向公众提出智联网——AIoT 的概念。

智联网并非空中楼阁，它是建立在人工智能和物联网基础上的，目标是“万物智能互联”。这种智能互联是指智能体之间的“协同知识自动化”和“协同认知智能”，即以某种协同的方式进行从原始经验数据的主动采集、获取知识、交换知识、关联知识，到知识功能，如推理、策略、决策、规划、管控等的全自动化过程，因此，智联网实质上是一种全新的、直接面向智能的复杂协同知识自动化系统。

我国智能化领域的开拓者王飞跃先生对智联网做了一个定义：智联网就是以互联网、物联网技术为前序基础科技，在此基础上以知识自动化系统为核心系统，以知识计算为核心技术，以获取知识、表达知识、交换知识、关联知识为关键任务，进而建立包含人机物在内的智能实体之间语义层次的连接，实现各智能体所拥有的知识之间的互联互通。智联网的最终目的是支撑和完成需要大规模社会化协作的，特别是在复杂系统中需要的知识功能和知识服务。

物联网是互联网的延伸，智联网又是物联网的延伸。人工智能构建了大脑，物联网带来了神经网络，更多的数据，更好的反馈，更智能的决策，AIoT 是一个有机的整体，不可分割，是人工智能应用最有优势的领域之一。

物联网代表着万物互联，智联网代表着万物智联。麦肯锡数据显示，到 2025 年，IoT 引领的市场规模将比 2017 年扩大 10 倍，达到 11.2 万亿美元，全球 GDP 占比也将从 2017 年的 1.4% 扩大至 2025 年的 10%。AI+IoT 之所以成为焦点，正因为它们被认为是“万物智联”时代中重塑商业模式及移动智能生活习惯的关键技术。

第二节　什么是大数据

“大数据”是指以多元形式、许多来源搜集而来的庞大数据组，往往具有实时性。在企业对企业销售的情况下，这些数据可能来自社交网络、电子商务网站、顾客来访记录及许多其他来源。

从技术上看，大数据与云计算的关系就像一枚硬币的正反面一样密不可分。大数据必然无法用单台的计算机进行处理，必须采用分布式计算架构。它的特色在于对海量数据的挖掘，但必须依托云计算的分布式处理、分布式数据库、云存储和／或虚拟化技术。（在维克托·迈尔－舍恩伯格及肯尼斯·库克耶编写的《大数据时代》中，大数据指不用随机分析法（抽样调查）这样的捷径，而采用所有数据的方法）大数据的四大特点为：Volume（大量）、Velocity（高速）、Variety（多样）、Value（价值）。

早在 1980 年，著名未来学家阿尔文·托夫勒便在《第三次浪潮》一书中，将大数据热情地赞颂为“第三次浪潮的华彩乐章”。不过，大约从2009年开始，“大数据”才成为互联网信息技术行业的流行词汇。美国互联网数据中心指出，互联网上的数据每年将增长50%，每两年便将翻一番，而目前世界上90%以上的数据是最近几年才产生的。此外，数据又并非单纯指人们在互联网上发布的信息，全世界的工业设备、汽车、电表上有着无数的数码传感器，随时测量和传递着有关位置、运动、震动、温度、湿度乃至空气中化学物质的变化，也产生了海量的数据信息。

大数据的意义是由人类日益普及的网络行为所伴生的，受到相关部门、企业采集的，蕴含数据生产者真实意图、喜好的，非传统结构和意义上的数据。2013年5月10日，阿里巴巴集团董事局主席马云在淘宝十周年晚会上，卸任阿里集团CEO的职位，并在晚会上做卸任前的演讲，马云说，大家还没搞清PC时代的时候，移动互联网来了，还没搞清移动互联网的时候，大数据时代来了。

根据观研天下监测统计，2011年全球数据总量已经达到1.8 ZB，1 ZB等于1万亿GB，1.8 ZB也就相当于18亿个1 TB移动硬盘的存储量，而这个数值还在以每两年翻一番的速度增长，预计到2020年全球将拥有35 ZB的数据量，增长近20倍。开源分析机构Wikibon预计，2012年全球大数据企业营收为50亿美元，未来5年的市场复合年均增长率将达到58%，2017年将达到500亿美元。

据权威专家透露，在有关部门协商的基础上，经国务院同意，将来或推出一个国家科技和产业专项来引导和支持大数据的研究和产业发展。这个专项包括大数据的发展目标、发展原则和重点任务。有关院士建议，我国大数据的发展目标是，“十二五”时期及未来十年，实现大数据产业技术创新，产业的整体质量效益得到提升，应用水平明显提高，推动经济社会发展。发展原则是：市场主导、创新发展；应用牵引、融合发展。重点任务主要有布局关键技术、推进示范应用、完善支持政策3个方面。

首先，布局关键技术研发创新。一是以数据分析技术为核心，加强人工智能、商业智能、机器学习等领域的理论研究和技术研发，夯实发展基础。二是加快非结构化数据处理技术、非关系型数据库管理技术、可视化技术等基础技术研发，并推动与云计算、物联网、移动互联网等技术的融合，形成较为成熟、可行的解决方案。三是面向大数据应用，加强网页搜索技术、知识计算搜索技术、知识库技术等核心技术的研发，开发出高质量的单项技术产品，并与数据处理技术相结合，为实现商业智能服务提供技术体系支撑。

其次，加速推进示范应用。一是面向能源、金融、电信等行业，引导企业参与，发展数据监测、商业决策、数据分析等软硬件一体化的行业应用解决方案。二是面向城镇化建设与民生需求，加快推动大数据在城市建设生活服务领域的应用，不断提升数字内容加工处理软件等服务发展水平。三是推动行业数据深加工服务。大力开发深度加工的行业数据库，对高科技领域数据进行深度加工，建立基于不同行业领域的专题数据库，提供内容增值服务。四是推进政府及大型公共信息服务平台建设。发展和利用跨部门的政府信息大平台，提高行政工作效率，降低政府运行成本。利用政府信息大平台，提高政府决策的科学性和精准性，提高政府预测预警能力及应急响应能力。

最后，完善支持政策，鼓励民间投资。一是加大财政投入。加大中央预算内投资和中央财政信息技术专项资金对大数据产业的投入，安排国有资本经营预算支出支持重点企业实施大数据项目。二是拓展投融资渠道。积极创新金融产品和服务，支持大数据成果转化和产业化。鼓励和引导民间投资和外资进入大数据领域。

大数据正在以不可阻拦的磅礴气势，与当代同样具有革命意义的最新科技进步（如纳米技术、生物工程、全球化等）一起，揭开人类新世纪的序幕。对于地球上每一个普通居民而言，大数据有什么应用价值呢？只要看看周围正在变化的一切，你就可以知道，大数据对每个人的重要性不亚于人类初期对火的使用。大数据让人类对一切事物的认识回归本源；大数据通过影响经济生活、政治博弈、社会管理、文化教育科研、医疗保健休闲等行业，与每个人产生密切的联系。

大数据技术离你我都并不遥远，它已经来到我们身边，渗透到我们每个人的日常生活之中，时时刻刻，事事处处，我们无法逃遁，因为它无微不至：它提供了光怪陆离的全媒体，难以琢磨的云计算，无法抵御的仿真环境。大数据依仗于无处不在的传感器，如手机、发带，甚至是能够收集司机身体数据的汽车，或是能够监控老人下床和行走速度与压力的“魔毯”（由GE与Intel联合开发），洞察了一切。通过大数据技术，人们能够在医院之外得悉自己的健康情况；而通过收集普通家庭的能耗数据，大数据技术给出人们切实可用的节能提醒；通过对城市交通的数据收集处理，大数据技术能够实现城市交通的优化。

随着科学技术的发展，人类必将实现数千年的机器人梦想。早在古希腊、古罗马的神话中就有冶炼之神用黄金制造机械仆人的故事。《论衡》中也记载有鲁班曾为其母巧公制作一台木马车，“机关具备，一驱不还”。而到现代，人类对于机器人的向往，从机器人频繁出现在科幻小说和电影中不难看出。公元2035年，智能型机器人已被人类广泛利用，送快递、遛狗、打扫卫生……这是电影《我，机器人》里描绘的场景。事实上，今天人们已经享受到了部分家用智能机器人给生活带来的便利，如智能吸尘器及广泛应用于汽车工业领域的机械手等。有意思的是，2010年松下公司专门为老年人开发了“洗发机器人”，它可以自动完成从涂抹洗发水、按摩到用清水洗净头发的全过程。未来的智能机器人不会是电影《变形金刚》中的庞然大物，而会越来越小。目前，科学家研发出的智能微型计算机仅和雪花一样大，却能够执行复杂的计算任务，将来可以把这些微型计算机安装在任何物件上用以监测环境和发号施令。随着大数据时代的到来和技术的发展，科技最终会将我们带入神奇的智能机器人时代。

在大数据时代，人脑信息转换为电脑信息成为可能。科学家们通过各种途径模拟人脑，试图解密人脑活动，最终用电脑代替人脑发出指令。正如今天人们可以从电脑上下载所需的知识和技能一样，将来也可以实现人脑中的信息直接转换为电脑中的图片和文字，用电脑施展“读心术”。2011年，美国军方启动了“读心头盔”计划，凭借读心头盔，士兵无须语言和手势就可以互相“阅读”

彼此的脑部活动，在战场上依靠“心灵感应”，用意念与战友互通信息。目前，“读心头盔”已经能正确“解读”45%的命令。随着这项“读心术”的发展，人们不仅可以用意念写微博、打电话，甚至连梦中所见都可以转化为电脑图像。据美国《纽约时报》报道，奥巴马政府将绘制完整的人脑活动地图，全面解开人类大脑如何思考、如何储存和检索记忆等思维密码作为美国科技发展的重点，美国科学家已经成功绘出鼠脑的三维图谱。2012年，美国IBM计算机专家用运算速度最快的96台计算机，制造了世界上第一个“人造大脑”，电脑精确模拟大脑不再是痴人说梦。试想一下，如果人类大脑实现了数据模拟，或许你的下一个BOSS是机器人也不一定。

总而言之，大数据技术的发展有可能解开宇宙起源的奥秘。因为，计算机技术将一切信息无论是有与无、正与负，都归结为0与1，原来一切存在都在于数的排列组合，在于大数据。

第三节　什么是人工智能

人工智能领域的研究是从1956年正式开始的，这一年在达特茅斯大学召开的会议上正式使用了“人工智能”（Artificial Intelligence，AI）这个术语。

人工智能也称机器智能，它是计算机科学、控制论、信息论、神经生理学、心理学、语言学等多种学科互相渗透而发展起来的一门综合性学科。从计算机应用系统的角度出发，人工智能是研究如何制造智能机器或智能系统，来模拟人类智能活动的能力，以延伸人们智能的科学。如果仅从技术的角度来看，人工智能要解决的问题是如何使电脑表现智能化，使电脑能更灵活有效地为人类服务。只要电脑能够表现出与人类相似的智能行为，就算是达到了目的，而不在乎在这过程中电脑是依靠某种算法还是真正理解了。人工智能就是计算机科学中涉及研究、设计和应用智能机器的一个分支，人工智能的目标就是研究怎样用电脑来模仿和执行人脑的某些智力功能，并开发相关的技术产品，建立有关的理论。

人工智能的研究可以分为几个技术问题。其分支领域主要集中在解决具体问题，其中之一是，如何使用各种不同的工具完成特定的应用程序。人工智能的核心问题包括推理、知识、规划、学习、交流、感知、移动和操作物体的能力等。目前比较流行的方法包括统计方法、计算智能和传统意义的 AI。目前有大量的工具应用了人工智能，其中包括搜索和数学优化、逻辑、基于概率论和经济学的方法等。

20 世纪 50 年代人工智能的概念首次被提出后，相继出现了一批显著的成果，如机器定理证明、跳棋程序、LISP 表处理语言等。但由于消解法推理能力的有限，以及机器翻译等的失败，使人工智能走入了低谷。这一阶段的特点是：重视问题求解的方法，忽视知识重要性。

60 年代末到 70 年代，专家系统出现，使人工智能研究出现新高潮。DENDRAL 化学质谱分析系统、MYCIN 疾病诊断和治疗系统、PROSPECTIOR 探矿系统、Hearsay-II 语音理解系统等专家系统的研究和开发，将人工智能引向了实用化。并且，1969 年成立了国际人工智能联合会议（International Joint Conferences on Artificial Intelligence，IJCAI）。

80 年代，随着第五代计算机的研制，人工智能得到了很大发展。日本于 1982 年开始了“第五代计算机研制计划”，即“知识信息处理计算机系统 KIPS”，其目的是使逻辑推理达到数值运算一样快。虽然此计划最终失败，但它的开展形成了一股研究人工智能的热潮。

80 年代末，神经网络飞速发展。1987 年，美国召开第一次神经网络国际会议，宣告了这一新学科的诞生。此后，各国在神经网络方面的投资逐渐增加，神经网络迅速发展起来。

90 年代，人工智能出现新的研究高潮。由于网络技术特别是国际互联网技术的发展，人工智能开始由单个智能主体研究转向基于网络环境下的分布式人工智能研究。不仅研究基于同一目标的分布式问题求解，而且研究多个智能主体的多目标问题求解，使人工智能更面向实用。另外，由于 Hopfield 多层神经网络模型的提出，使人工神经网络研究与应用出现了欣欣向荣的景象。人工智能已深入到社会生活的各个领域。

近年来，人工智能研究出现了新的高潮，这一方面是因为在人工智能理论方面有了新的进展；另一方面也是因为计算机硬件突飞猛进的发展。随着计算机速度的不断提高、存储容量的不断扩大、价格的不断降低及网络技术的不断发展，许多原来无法完成的工作现在已经能够实现。

技术的发展总是超乎人们的想象，要准确地预测人工智能的未来是不可能的。但是，从目前的一些前瞻性研究可以看出，未来人工智能可能会向以下几个方面发展：模糊处理、并行化、神经网络和机器情感。目前，人工智能的推理功能已获突破，学习及联想功能正在研究之中，下一步就是模仿人类右脑的模糊处理功能和整个大脑的并行化处理功能。人工神经网络是未来人工智能应用的新领域，未来智能计算机的构成，可能就是作为主机的冯·诺依曼型机与作为智能外围的人工神经网络的结合。研究表明，情感是智能的一部分，而不是与智能相分离的，因此，人工智能领域的下一个突破可能在于赋予计算机情感能力。情感能力对于计算机与人的自然交往至关重要。

第四节　什么是云计算

在传统的企业当中，公司需要购买服务器解决计算能力和存储能力，购买交换机、路由器及网络，还需要购买防火墙解决安全问题等，不仅要购买这些软硬件，还需要相关的员工负责这些软硬件的安装和使用，成本巨大。随着公司业务的发展，这些设备和软件的成本会变得越来越高，而且问题也会变得越来越多。

例如，有一家物流公司要从北京送一批货物到广州，难道这家公司需要修一条从北京到广州的路吗？如果另外一家公司也需要从北京送货到广州呢，难道还需要再修一条高速公路吗？我们都知道这样做是不现实的，先不说成本有多少，有多少个公司有这样的实力去修路，公路修好之后还需要不断地投入人力物力去维护，再者难道每个公司都需要修一条高速吗？我们知道，现实当中是由专业的公司把路修好，然后所有从北京到广州的车都可以在上面行驶，只需要按实际使用量缴纳过路费就可以。这样既解决了没有路的问题，也解决了成本的问题。同样的道理，一家 IT 公司，无论做的是什么样的产品，几乎都需要计算、存储、网络和安全这样的基础设施，而如果每个公司都自己建设这些基础设施，必然成本会高，造成资源浪费，而且很多公司需要的算力是波动性的，这时基础设施又该怎样搭建呢，按照最低搭建，必然会有算力不足的时候；按照最高的搭建，又必然会造成资源的浪费。这时云计算就应运而生了，有专门的公司把互联网基础设施建设好，然后以服务的形式出售给 IT 企业。这种专门做基础设施建设的公司就是云计算公司，所提供的产品就是云计算服务。

云计算是一种按使用量付费的模式，这种模式提供可用的、便捷的、按需的网络访问，进入可配置的计算机资源共享池（资源包括网络、服务器、存储、应用软件、服务），这些资源能够被快速提供。

以前一家公司要建信息系统来支撑自身业务，要自己建机房、买服务器、搭系统、开发出各类应用程序，设专人维护。这种传统的模式具有以下弊端。

①一次性投资成本很高；

②公司业务扩大的时候，很难进行快速扩容；

③对软硬件资源的利用效率低下；

④平时维护麻烦。

云计算的出现很好地解决了上述问题，云计算首先提供了一种按需租用的业务模式，客户需要建信息系统，只需要通过互联网向云计算提供商租用一切他想要的计算资源就可以了，而且这些资源是可以精确计费的。云计算就像水厂一样，企业喝水再不用自己打井，接上管子就可以直接购买水厂的水。云计算不是一种全新的网络技术，而是一种全新的网络应用概念，云计算的核心概念就是以互联网为中心，在网站上提供快速且安全的云计算服务与数据存储，让每一个使用互联网的人都可以使用网络上的庞大计算资源与数据中心。

一、服务类型

1. 基础设施即服务 IaaS（Infrastructure as a Service）

公司要建信息系统，需要自己建机房、服务器、网络及配套设施。例如，我们要建房子，需要自己买土地，买材料，设计房子结构，建房子。那么，基础设施即服务就是告诉你，你不用自己建房子了，我这有现成的，你直接租就好了。

2. 平台即服务 PaaS（Platform as a Service）

公司在自己建好信息系统之后，还要自己搭建操作系统、配置环境，就像盖好房子之后还要自己装修房子。那么，平台即服务告诉你，你不用自己装修房子了，我这能提供装修服务，你直接买就好了。

3. 软件即服务 SaaS（Software as a Service）

公司在把操作系统、环境配置好之后，还要自己开发各种应用软件。就像房子硬装完成后，还要进行软装，配备休闲娱乐设施、运动健身设施等。那么，软件即服务告诉你，这些应用设施我这都有现成的，也可以直接租用。

二、部署形式

按部署形式可以分为 3 类：公有云、私有云、混合云。

公有云是指多个客户共享一个服务提供商提供的计算资源，客户按照自己的实际需要，通过租赁的方式来获取这些资源。私有云是指计算资源由一家企业专用并由该企业掌握，私有云一般部署在企业的数据中心，由企业的内部人员管理，实力雄厚的大公司趋向于构建自己的私有云。混合云是指公有云与私有云的结合，混合云的策略是在私有云部分保持那些相对隐私的操作，在公有云部分部署相对开放的运算，混合云可以兼顾两者的优点。

第五节　什么是边缘计算

云计算给智联网提供了算力，所有的信息都是汇总到云端，经过云端分析计算后，再下达操作指令。云计算就像是一个军队的司令部，如果整个军队大大小小的事情全由司令部做决策，那就会像诸葛亮一样，就连打士兵100军棍的事情，诸葛亮都要亲自监刑，最终的结果也只能是“鞠躬尽瘁，死而后已”。后来诸葛亮死了，却发现蜀国无大将，整个国家机构快处于半瘫痪的状态了，也就只能落得个被魏灭国的下场。这个比喻不是说云计算不好，而是说云计算现在面临的一个痛点是要决策的事情太多，而且传送过去的数据又太杂，这样就会产生以下几个问题。

1. 高时延

如果一个智慧社区用的是阿里的云服务，那么这些数据都得不远万里传送到阿里云的数据中心，经过计算分析之后再把数据传送回来，这样就会形成高时延。在普通的场景下，可能对时延要求不高，但是像无人驾驶汽车和无人机，高时延就会带来严重的后果。

2. 云端和网络不堪重负

随着物联网的发展，数据量呈指数级增长。一辆智能网联汽车每秒可产生1 G的数据量，一架飞机单个航次飞行要产生109 G的数据量。可以想象，如果把全球每天起降的航班、火车、轮船，以及汽车、地铁都算上，将产生多么巨大的数据量，如此大量的数据，使得数据的及时传输、处理和决策都变得越来越困难。

3. 采集不到关键数据

目前的数据传输是把所有的数据全部传输至云端，这就导致云端囤积着大量无用的数据，关键的信息很容易淹没在这些无用的数据中，容易导致整个系统反应不够灵活。

4. 增加整个网络的安全隐患

所有的数据都储存于云端，一旦数据中心出现网络安全漏洞，就会造成大规模的数据泄露。而且，如果数据中心出现宕机，使得数据无法访问，会给社会带来巨大的损失。

鉴于以上种种的问题，科学家们就把目光转向了边缘计算。边缘设备可以依靠自身的运算和处理能力就近处理大部分的任务，这样不仅可以降低云端的负担，还可以更及时地给出信息反馈，有效地降低时延。边缘智能的核心技术在于边缘计算。

边缘计算指在靠近物或数据源头的网络边缘侧，融合网络、计算、存储、应用核心能力的开放平台，就近提供边缘智能服务，满足行业数字化在敏捷连接、实时业务、数据优化、应用智能、安全与隐私保护等方面的关键需求。这就好像是诸葛亮把手中的一部分决策权下放给各将军手中，这样不仅自己清闲了，还可以锻炼培养人才，即使自己有个头疼脑热，各位将军也可以商量着决定作战计划，不影响整个系统的运转。

如果类比人来说的话，边缘计算就类似于我们赋予低端神经和肌肉有思考并做出动作的权利。例如，当手不小心碰到了火，疼痛感通过神经传递到大脑，大脑感知到疼痛以后，判断一下原因，了解到是手碰到了火，然后将手移动离开火。如果人遇到火的处理过程是按照这个逻辑的话，可能手都已经烧伤了，才离开火。而人实际的方法是，当手遇到火的一瞬间，低端的脊神经已经通知手缩回来，然后这个信号才传递到大脑，大脑了解到原因再根据手的具体受伤情况，做进一步判断。

边缘计算技术取得突破，意味着许多控制将通过本地设备实现而无须交由云端，处理过程将在本地边缘计算层完成，只把关键数据传至云端，这无疑将大大提升处理效率，减轻云端的负荷，而且也会让整个系统变得更加灵活。

边缘计算模式的基础特性就是计算能力更接近于用户，即站点分布范围广且边缘节点由广域网络连接，它的应用场景非常广泛。在5G网络大规模普及前，移动网络仍存在着受限和不稳定的特性，因此，移动／无线网络也可以看作云边缘计算的常见环境要素。许多应用或多或少都依赖于移动网络，如应用于远程修复的增强现实、远程医疗、采集公共设施（水力、煤气、电力、设施管理）数据的物联网设备、库存、供应链，以及运输解决方案、智慧城市、智慧道路和远程安全保障应用，这些应用都受益于边缘计算就近端处理的能力。

第六节　5G时代的到来

2019年6月6日，工业和信息化部向中国移动、中国联通、中国电信和中国广电发放5G牌照，标志着我国5G商用时代的来临。那么，什么是5G呢？G来源于英语“Generation”的缩写，代表某一代的意思，所以5G是指第五代移动通信技术。

一、5G的技术特点

可能大多数人对于5G的理解，就是速度快，就像前一段时间一个学生试验的那样，用5G网络下载一些APP，进度条都没看清楚，就已经下载结束了，但其实，5G不只是快，它主要有以下8个特征。

1. 传输速率快

5G传输速率确实比4G快，但不是像大家调侃的“啊，5G，你比4G多1G”，而是5G比4G快10倍以上。3G基本上只有10兆带宽，4G是百兆带宽，而5G是千兆带宽。这么高的传输速率，我们就再也不用看着网页上的圈圈一直转了。

2. 网容量大

5G网络容量增加1000倍，可以连接的设备数也比4G增加1000倍。相信大家都有这样的经历，在人员密集的地方，手机容易打不出去电话，发不出去短信，这不是因为信号干扰，而是网络容量没有那么大，不能实现很多人同时通信。5G 相对于 4G 来讲，4G 是一平方公里 10 万个连接数，5G 可以达到 100 万个。一平方公里增加 10 倍，从 10 万个连接数增加到 100 万个连接数，这意味着什么呢？意味着 5G 可以实现万物互联。

2009 年，物联网概念出现，并以远远高于移动互联网的增速形成汹涌浪潮。据 Digi Reach 预测，2020 年全球物联网的连接数量将超过 500 亿，这使得移动网络的本质发生了根本变化，它不再是仅仅满足人们的日常通信、娱乐、信息服务的需求，而是要广泛应用于各种设备之间的数据传输需求。网络因此从满足单一的数据传输特征需求，演变成需要满足不同类型的广泛连接特征需求。网络能力的多特征极化，也成为 5G 时代的显著需求。

3. 毫秒级时延

时延是数据从一端到另一端所经历的时间，包括发送时延、传播时延、处理时延、排队时延。4G 时代的稳定连接状态下，其时延大概是 50 ms，而网络拥堵的时候会更长。5G 可以降低到空口时延 1 ms（空口时延是设备和基站之间的时延）、整体时延 5 ms 左右的程度，让数据传输的实时性有了质的提升。

这样的低时延，给车联网的实现提供了坚实的技术基础。之前的网络延迟较高，车辆发现了紧急情况后，往往要在几十毫秒甚至上百毫秒之后才能做出响应，在 100 km/h 以上高速度的情况下，这几十到几百毫秒的延迟也会带来几米的刹车距离。当时延降低到 5 ms 的时候，这辆车的时延对应移动距离不到 1 m，让安全系数大幅提升。

4. 频谱效率高

频谱效率增加 5 ~ 10 倍，比 4G 在同样带宽下传输的数据增加 5 ~ 10 倍。

频谱短缺已经成为移动通信中最为棘手的问题，未来 10 年移动通信数据业务将增长 1000 倍，为了提升系统容量，需要更多的频谱，现有的频谱资源远远不能满足，而提高频谱效率可以有效地解决频谱短缺的问题。提高频谱效率，可以采用更优的多址接入方式，以及大规模的MIMO、无线网络的干扰管理等，更密集的基站部署技术也可以提高整体的频谱效率。

5G 和 4G 的技术指标对比如表 12–1 所示。

表 12–1　5G 和 4G 的技术指标对比

指标	要求
传输速率	提高 10 ~ 100 倍，用户体验速率 0.1 ~ 1 Gb/s，用户峰值速率可达 10 Gb/s
时延	降低 5 ~ 10 倍，达到毫秒量级
连接设备密度	提升 10 ~ 100 倍，达到每平方公里数百万个
流量密度	提升 100 ~ 1000 倍，达到每平方公里每秒数十太比特
移动性	达到 500 km/h 以上，实现高铁环境下良好的用户体验

资料来源：互联网、长江证券研究所整理。

5. 毫米波

毫米波通信是 5G 最具深远意义的技术演进之一。我们在中学时都学过一个公式：$C=\lambda \cdot v$，其中 C 是光速，λ 是波长，v 是频率。图 12–1 是三大运营商所分配的 5G 频谱。由上面的公式可以计算，我国现阶段 5G 的波段位于 0.06 ~ 0.12 m，还没有正式进入毫米波段。这是因为毫米波产品目前在产品化上是最不成熟的。大多数初始 5G 网络建设瞄准的也是 Sub-6G 频段，而非 20 G 以上的毫米波频段。但是，很多单位都在研究 30 GHz 以上的波段，这就是名副其实的毫米波。

毫米波有着明显的优点：频率更高、潜力巨大、波束窄、定位精度高、散射性弱、安全度高。但是毫米波也有着先天的缺陷：信号衰减快、无法进行广域覆盖、信号穿透能力低、器件精度要求高加工难度大。

从 1G 到 4G，所用的频段都是低频段的，高频段用得极少，主要是受技术成本限制。随着低频段的资源耗尽，而 5G 超高宽带的数据传输能力也只有在毫米波段才能实现，所以 5G 只能向高频段上去获取资源，对未来的通信发展而言，毫米波通信应用于移动通信网络是最具深远意义的技术演进之一，这应该是 5G 的核心所在。

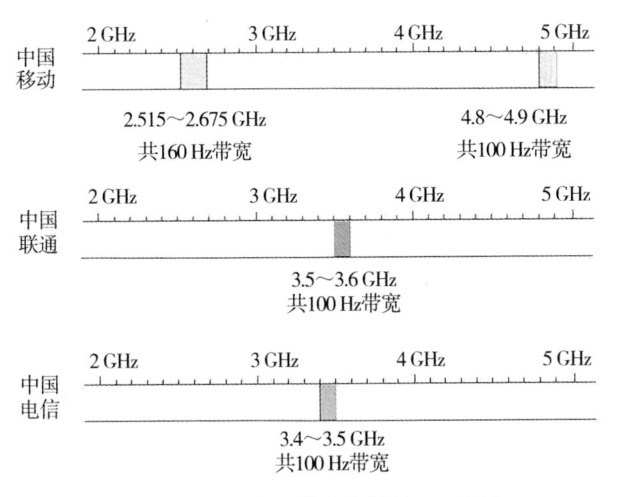

图 12-1　三大运营商获得的 5G 频谱

6. 微基站广泛使用

我们前面已经说过，频率越高，波长越短，在传播过程中衰减越快，穿透能力越弱。如果你家距离基站稍远，再加上信号还要穿透你家的墙，这样就会导致在屋里可能一点信号都没有。这时就需要多设置基站，所以覆盖同一个区域，需要的 5G 基站数量将远远超过 4G 基站。为了减轻基站建设的成本压力，就不能再像 4G 那样采用宏基站了，这时微基站就应运而生了。微基站基站小、功率小、建设密集，可以解决宏基站中心辐射强但边缘信号不好的缺点。

7. 设备到设备的通信

用户之间直接通信，不像传统的通信必须经过基站转发。在目前的移动通信网络中，即使是两个人面对面拨打对方的手机，信号都是通过基站进行中转的，包括控制信令和数据包。而在 5G 时代，这种情况就不一样了。5G 的一大特点就是设备到设备（Device to Device，D2D）。5G 时代，同一基站下的两个用户，如果互相进行通信，他们的数据将不再通过基站转发，而是直接手机到手机，数据直接通信但信令还要走基站。

8. 更多的天线阵列

从第一代的“大哥大”到后来的翻盖手机，大都有一个天线，可是现在的智能手机上却没有天线了，那么手机天线去哪了？

原来手机天线的长短和信号波长之间是有联系的，一般天线的长度是信号波长的 1/4 ~ 1/10 时效果是最好的。随着频段越来越高，波长越来越短，手机的天线也越来越小，所以天线不是消失了，而是为了美观隐藏在手机内部了。

二、5G 的应用场景

国际电信联盟 ITU 定义的 5G 三大应用场景包括增强型移动宽带（enhanced Mobile Broad Band，eMBB）、超高可靠低时延通信（ultra-Reliable Low Latency Connection，uRLLC）和海量机器类通信（massive Machine Type communications，mMTC）。

1. 增强型移动宽带（eMBB）

增强型移动宽带就是我们常说的 5G 上网业务。5G 对移动宽带的增强主要体现在两个方面：一是覆盖范围更广；二是提升网络容量。eMBB 主要追求人与人的极致通信体验。得益于覆盖范围和网络容量的改善，5G 会为远程教育、远程医疗、高清视频会议等领域带来全新的突破。随着 5G 网络的普及，用智能终端分享 3D 电影、游戏及超高画质节目的时代正向我们走来。

2. 超可靠低时延通信（uRLLC）

在北京世园会中有一个 5G 展览馆，在展览馆中有一个特别的机器人，这个机器人可以模仿穿着感应服装的工作人员的动作。只要是在 5G 网络覆盖的范围内，工作人员的一举一动，机器人都可以同步完成，没有任何卡顿，这就是依托 5G 的低时延实现的。

另外，无人机也是对移动网络要求低时延、高可靠性的典型应用。一是因为“反应快”对无人机的安全操作至关重要；二是随着无人机的应用越来越广泛，需要在无人机上搭载更多的高清摄像头和传感器，这对网络的传输也提出了更高的要求。

由于目前无人机基本是通过 Wi-Fi 和蓝牙连接，所以大都还停留在娱乐的层面上，而 5G 会给无人机带来新的机遇。例如，用无人机对输电线路进行巡检，由于很多输电线路位于崇山峻岭和无人区，人力巡检效率低下而且易发生危险，所以用无人机进行巡检是非常好的选择。但是由于 4G 网络只能支持 1 Mbps 的图传，对于某些细节检查，视频和图片的清晰度不足，所以还需要无人机和人工配合完成。而 5G 网络可实现上行单用户体验速率 100 Mbps 以上，空口时延 10 ms，将使得实时视频更加流畅、更加清晰，巡查效果更优。

3. 海量机器类通信（mMTC）

海量机器类通信对应的是物联网等连接较大的应用。在 5G 之前，从 1G 到 4G，全部都是为了服务于“人与人”之间的通信，而 5G 主要是为了服务“物与物”和“人与物”之间的通信。在未来，基础设施都会实现联网管理，如路灯、垃圾桶、水表，这样城市管理者可以精确地知道基础设施的状态，哪个路灯坏了，哪个垃圾桶满了，哪段水管漏水了。这无疑会提高城市的运行效率，方便人们的生活。万物互联是物联网的终极目标，但是从 2009 年到现在，我国物联网的进展比较缓慢，现阶段实现的物联网也比较低端，其技术限制就是无线网络宽带不达标。随着 5G 的到来，真正的万物互联甚至万物智联已不远。

以上就是 5G 的三大应用场景，但 5G 的潜力绝不仅限于此，随着时间的推移，还会有更多全新的应用场景出现。不过对于未来，我们谁也无法预料，就像苹果手机上市之前，没有人能想到智能手机会给世界带来这么大的改变。5G 的部署也需要相当长的时间，就像华为创始人兼 CEO 任正非先生讲的那样，5G 可能被炒作过热，因为需求没有完全产生。5G 现在没有这么迫切的需要，5G 的内容不仅仅是宽带，它有非常多的内涵，但 5G 需求的到来还要经过漫长的等待。科学技术的超前研究不代表社会需求已经产生。虽然 5G 牌照已经发放，但 5G 真正大范围普及预计要等到 2025 年。根据 IHS 的预估，在 2020—2035 年，5G

对全球 GDP 增长的贡献，预计将相当于一个与印度同等规模的经济体，而印度目前是全球第七大经济体。到2035年，5G有可能创造12.3万亿美元的经济产出。5G 的趋势是不可避免的，这将是又一次席卷全球的大潮流。

第十三章

“光”联万物——“安全看得见”的物联网

物联网通常采用射频(Radio Frequency,RF)通信技术来把物与物连接起来，如NB-IoT、Zig-Bee、蓝牙(Bluetooth)、Wi-Fi、超宽带(UWB)和近场通信(NFC)、红外通信技术（IrDA）、4G（Cat 1）、5G 等技术。而利用可见光通信（Visible Light Communication，VLC）技术可以实现“光”联万物。

当前，承载信息的传统无线电频谱资源日趋枯竭。人眼可见的光谱范围在 380 ~ 780 nm 的可见光频段，是现有无线电频谱的上万倍，基于可见光频段的可见光通信技术利用发光二极管发出的高速明暗变化光信号来传输信息，是一种“有光就能互联，有光就能上网”的新型无线通信技术。因为其将照明领域与信息通信领域自然融为一体，相比传统无线电通信技术，可见光通信开拓了新的频谱资源，它的传输速率、安全性和私密性极高，无电磁干扰和辐射，也无须频段许可授权，借助 LED 灯就可低成本实现高速无线通信，是典型的绿色通信技术。被《时代周刊》评为 2011 年全球五十大科技发明之一，正在成为世界发达国家竞相角逐的具有战略性影响的高新技术。

“光”联万物创造了更迅捷、更绿色、更安全、更兼容、更低廉的物联网连接方式。

①可见光通信是一种高速通信方式，可解决现有 Wi-Fi、移动网络等无线上网方式所面临的带宽受限、接入冲突、体验不佳等问题。目前，单灯可见光通信可实现10 Gbps的传输速率，如果采用轨道角动量、空间复用、高阶调制等技术，可实现Tbps量级的高速传输。事实上，业界专家认为，预计6G在毫米波、太赫兹、可见光等更高的频段上工作，以具备更大的带宽，与 5G 相比，6G 可以将数据速率提升 10 ～ 100 倍，支持 Tbps 峰值数据速率和 10 Gbps 用户体验数据速率。

②可见光通信是一种绿色通信方式，人类自诞生起，都在自然光下生活，可见光对人体安全无害。可见光通信与 LED 光源自然结合，能够同时实现照明与通信功能，在节能环保方面优势显著。借助高效节能的 LED 绿色照明，实现通信近乎零耗电，属典型绿色通信技术。

③可见光通信是一种安全的通信方式，具有定向辐射、快速衰减、保密性强的特点，易于快速构建私密性的活动空间，符合人们对个性化活动的需求。

④可见光通信是一种兼容通信方式，可以有效缓解现有无线电频谱资源紧张的矛盾，与现有无线通信系统相比具有良好的兼容性，无电磁干扰，适用于核电站、医院和火箭、飞机内部等对电磁信号敏感的应用场合。

⑤可见光通信是一种低成本通信方式，可见光波长较短且前端处理器件成本低廉，因此，有利于无线通信系统的小型化、低成本设计。采用家庭照明光源作为网络路由，无须布线，施工成本与后期维护成本低，系统扩展性强。

可见光通信在“光”联万物领域应用前景广泛，主要在室内高速灯光上网、非接触无线光互联、可见光定位探测等 3 个方面的应用。在一些行业应用如单工通信和水下通信中，也显现出其独特优势。

第一节　室内高速灯光上网

可见光通信的一个典型应用是光保真（Light Fidelity，LiFi）技术，这项技术可以利用灯光进行高速上网。2018 年 11 月，在首届中国国际进口博览会上，主题为“非凡创新在英国”的英国国家馆展出了英国 LiFi 技术。这项技术由爱丁堡大学的校办企业 pure LiFi 开发，英国将其作为国家创新的象征。事实上，我国重视可见光通信技术发展，目前已经在调制带宽拓展、实时传输速率、融合网络架构等核心技术指标方面走在了前列。

一、可见光上网灯

经过编码调制的光源（如台灯、吸顶灯）通过网线与互联网连接，构建智慧家庭物联网，实现基于可见光通信的室内无线高速上网体验，避免对人体健康的影响和对电子设备的干扰。因为现有的终端尚未内置可见光通信模块，终端需要通过连接 USB 可见光通信接收模块等外置装置与台灯互联，实现高速上网。可见光上网灯可解决无线网络覆盖不佳、速率较低及电磁辐射等问题，提供即插即用的高速绿色上网功能，在室内营造绿色的高速网络空间（图 13–1）。

图 13–1　可见光高速上网台灯示意

二、可见光视频点播

针对室内家庭娱乐的需求，可见光视频点播系统提供了一种新的电视信号接入方式（图 13–2）。

图 13–2　可见光视频点播示意

利用家庭泛在的照明网络，通过天花板射灯即可实现基于可见光通信的移动式高速视频点播，是可见光智能家居的代表，充分满足用户在室内“游牧”条件下高质量观看视频的需求。使用时，可见光视频点播系统在电视上方天花板布设 LED 光源，电视柜放置可见光接收设备，该设备通过网线与电视互联，实现高清电视节目的播放。

第二节　非接触式无线光互联

终端间的互联往往采用有线和无线连接。对于有线连接器而言，传统的机械式连接不仅会有线缆的束缚，连接器孔洞在长期插拔使用下会造成性能损耗和物理性破坏，还存在一定的信号干扰。短距离无线连接技术在物联网中应用广泛，但现有的无线连接技术存在频带资源紧张、具有安全隐患、抗干扰能力弱、无法用于电磁敏感环境、传输速率较低等问题。因此，日益增长的用户体验需求呼唤着一种高速、绿色、安全的短距离无线互联方式。可见光通信技术可以打破“最后 10 cm 通信”技术局限，实现高速、绿色、安全的短距离可见光互联。其独特的优势和用户体验使该技术在设备间实现绿色安全数据共享，典型应用包括虚拟现实、可视化光子安全认证、便捷投影等各方面。

一、虚拟现实

虚拟现实（VR）设备往往被一根线所限制。不过这也是无奈之举，毕竟要实现高分辨率的 VR 图像，就必须使用高速传输数据，而现有的无线传输模式根本无法实现如此巨大的数据量。可见光无线通信可为以虚拟现实为基础功能的智慧服务提供 10 Gbps 量级超宽带的家庭信息网络环境，突破室内“最后 10 米”和短距离超宽带无线光互联技术瓶颈，应用于集绿色节能、短距超宽带、无缆化光互联于一体的新兴应用，为室内深度覆盖提供绿色、泛在、廉价的接入手段。

二、可视化光子安全认证

传统通信方式在提供了便捷支付的同时，不可避免地会带来用户信息泄露的潜在危险。放在衣袋或包中的手机被“隔空支付”的现象屡见于新闻报道。可见光定向辐射、快速衰减的特点无疑提供了更为安全的支付方式，利用现有的手机摄像头，实现手机与支付终端之间的数据互传业务体验，可有效提高手机支付、移动设备之间信息互联等现实应用的安全性和可靠性，让“安全看得见”，避免了传统无线电技术带来的支付风险（图 13–3）。可视化光子安全认证无须改造现有手机，利用摄像头与闪光灯提供可视化安全认证手段，光子安全支付属重量级安全认证。而利用同样原理的光子门禁则属于轻量级安全认证。

图 13-3 光子认证支付系统

三、便捷投影

利用可见光作为网络通信的物理层媒介，进行文件或视频流数据无线高速传输，能够取代视频传输线缆或网线，是一种可以在无线电屏蔽环境下应用的无线通信互联系统，适用于保密会议通信保障。使用时，投影仪和接入端主机（如PC）分别与可见光收发模块进行连接，实现高速视频信号的无线传输，上行使用红外线通信，下行使用可见光通信，通信速率可达百 Mbps 量级。

第三节 可见光定位探测

一、可见光定位应用

可见光定位系统可应用于文博展馆、企业展厅、大型展会无线讲解及大型超市商品导购系统，在不同功能展区加装可见光标签信号灯，发射对应展区的宣传媒体资源，作为智能导览终端的展示内容（图 13-4）。可见光移动智能导览平板设备是智能导览系统服务终端，具有可见光定位标签感知功能。通过感知光源定位标签信息自动播放对应展区的多媒体信息，提升展览体验。由于不同的 LED 光源负责不同展品区域的照明和各自独立的信息传递，因此，该系统能有效避免相互干扰，也大大节约了人力成本。可见光定位系统是可见光通信的一种低速应用，传输速率 100 kbs，传输距离 3 ~ 8 米。

图 13-4　可见光定位导览示意

二、可见光探测应用

（1）智慧交通灯信号

将可见光通信与交通相结合，形成智能交通系统。现有的信号灯通过颜色的变化来给人们提供信号，而将数据通信与信号灯相结合则可以为交通管理提供更好的体验。如将数据由交通灯传递给汽车或将数据在汽车与汽车之间传递，则能够实现城市交通的智能控制，包括车辆位置告知、路况广播、左右转／禁止广播、车速警告等。由于 LED 较短的响应时间，可使司机提前反应，减少交通事故的发生，更加体现出实时、准确、智能的特点。

近年来，在国民经济和社会持续发展的同时，城市交通拥堵、交通秩序混乱和大量的交通事故也日益成为影响城市各方面发展的一个重要因素。对车身 LED 灯进行改造，车与车之间、车与交通灯和路灯之间就能够实现通信。司机在驾驶过程中可以获取最及时的交通、道路或位置信息，选择最佳驾车路线，避免碰撞，保证顺畅交通，减少交通事故的发生。此外，还可以实现车辆的身份识别，便于管理。

(2) 光标签

新型的非接触式的光电标签通过采用 LED 可见光通信传输技术，进行读写头与标签之间的信息传输，其标签本身是无源的，通过光无线充电的方式对标签供电，标签信息可以存储和编辑。该光电标签具有现有标签的所有功能，而面积比现有的标签小许多，同时，它克服了光学标签的易伪造、不可编辑等缺点，也没有射频标签易泄漏、在电磁环境下工作不正常的缺点，并且能够精确定位到毫米量级，是一种比较理想、安全、新型的非接触式标签。新型的非接触式光电标签的应用场景极其广泛，可作为交通卡、信用卡、银行卡等进行交易支付，工作卡、钥匙进行身份识别，以及在电信与数据通信等领域的光纤与线缆管理，特别是它能对被标识物体进行精确定位等。同时它还能在射频标签不能正常使用的场景中工作，如在一些特殊场景中，特别是电磁敏感环境，以及一些特殊或危险的行业，包括医疗、能源、电力、矿山等领域。

第四节　典型行业应用

一、可见光单工通信

可见光通信技术应用于安全信息传输领域具有独特优势。当前，随着办公自动化网络加速发展，办公终端之间的互联需求日益增长。但是，很多政府、金融、企业机构存在大量涉密信息，为了确保涉密信息和数据安全，重要机构均设立了不同保密级别的网络，并在网络之间实行物理隔离，以确保数据安全。

但是，无线电方式传播范围不可控，即便增加了高层管控和加密措施，依然不能满足涉密信息的保密要求，更不能满足基于网络物理隔离的摆渡信息传输的保密要求。因此，涉密网络和终端的发展迫切需要一种高速、便捷、安全的无线传输手段来实现跨密级网络单向传输和终端间的安全无线连接。可见光高速单向实时在线传输产品用 LED 可见光作为单向数据传输通道，提供方便快捷、保密性强、高速高效、绿色安全的实时摆渡方案，实时传输速率 1 Gbps。

二、可见光水下物联网

可见光中蓝绿光波段在海水中衰减系数小，对于 450 ~ 550 nm 波长的光信号存在通信窗口且实现速率较高，可用于构建水下中近距离高速物联网。

1. 水下航行器间通信

水下中近距离通信对于水下航行器等动态目标间通信，特别是潜艇间通信、潜艇与水面舰船通信等，具有巨大作用。目前，深海中的水下通信手段主要是声波通信，但声波通信无法实现高速率的数据传输。可见光通信作为一种高速通信手段，具有解决水下中近距离高速通信问题的独特优势，有望成为构建水下航行器高速通信网络的重要支柱。

2. 高速水下通信网络构建

相比于陆上空间，海底情况更为复杂，人们难以对海底进行实时有效观察，而在近海区域中，大陆架等区域的海底资源潜藏着巨大的经济及国防价值。但由于目前的水下通信手段受限，因此，人们很难实现有效的水下情况实时监测。可见光通信可实现水下中近距离通信，实现用于海底传感器间、海底传感器与海上浮标等设备间的通信，从而可以打造高速的水下实时传输监测网络，助力海底及海水中情况的监控。

3. 潜水员水下探测作业通信

水下各种矿产资源丰富，潜水员在浅海域勘测水下作业的过程中，一个高效、可靠的通信手段必不可少。可见光通信装置体积小、功耗低、便于携带，同时能够实现中近距离的高速水下通信，能够满足水下作业人员间实时高效的交互通信需求。

第十四章

智慧工厂与个性化制造

未来的工厂一定是我需要什么就制造什么，而不是工厂制造什么我就得买什么。实现个性化制造是未来智慧工厂的显著特征，其基础就是智联网，包含大数据、人工智能和 3D 打印等新一代物联网技术。

第一节 未来的智慧工厂

18 世纪以蒸汽机为标志的第一次工业革命，标志着机械工业时代的来临，机械大量代替人力，为工厂化生产提供了可能。

20 世纪以电力为标志的第二次工业革命，使得电力替代蒸汽机为机械设备提供动力，大规模生产首次出现劳动分工，每个工人只负责产品加工过程中的一个工艺，不再自始至终地全程参与生产过程。

20 世纪 70 年代电子信息技术的广泛应用带来了第三次工业革命，自动化程序化的出现使大型机械设备被电子设备取代，“老师傅”越来越多地变成“操作工”。

回看历史上的每次工业革命，大量低下的劳动关系被淘汰，大量岗位被取代，同时也会创造出大量新的岗位。从耕牛到拖拉机再到大型收割机，人力被一步一步地解放出来，对新能力的要求也一步一步提升。

今天，第四次工业革命正在悄悄地走进我们的身边，机器变得越来越智能，能自主判断、自我学习、自行决策的设备也越来越多地出现，人机交互也越来越接近自然语言。高效、安全、可靠和高灵活度成为新的标签。“无人工厂”或许也离我们不会太远，劳动力很大可能会被更可靠且成本低廉的机器人取代，原有的很多职业将会消失，同时也会催生新的产业、产品和服务，创造出新的岗位。企业可以使用大数据、分析学和分权决策方法提高供应链的可靠性和生产运营效率。

以亚马逊仓储为例，亚马逊仓储使用机器人 Kiva（奇娃）大量代替人工，同时利用机器人 Kiva 实现随机仓储，避免某个商品热销导致仓库某处因大量作业而拥塞的同时，提高了仓库的存储容量。传统仓库是一类商品放在一个区域，另一类放在另一个区域，当某些商品热销时，热销区域往往拥挤不堪，而进出货也将导致大量空闲区域或拥挤区域。机器人 Kiva 拥有自己的编号，每个编号不同的机器人 Kiva 身上背着活动货架，有着多个不同高度的“小舱匣”（pods）组成，拣货员只需要按照提示从“小舱匣”里拿出货品即可，而不需要关心拿取的货品是什么，大大提高了效率。每台机器人 Kiva 会根据订单信息自动优化路线，实现最佳进行路径，人工完全无须移动，只需要拿取即可。更新的实验技术中，连取货、分拣封装等都实现了机器人代替，机器人会自动选择合适大小的箱子，自动计算胶带长度，自动分配行进路线，同时向管理后台提供库存数据，后台系统可以根据该数据自动判断是否补货等。而整个数千乃至数万平方米的库房，数十万个品种的商品只需要 2 个人就可以高效管理。

毋庸置疑，未来的智慧工厂，是从自动化到智能化，从人工到机器，实现“无人化”。那真正的“未来的智慧工厂”会是什么样子呢？

对于“未来的智慧工厂”，一种说法是具备自主管理优化能力，以“物联网”(IoT)为基础，相互互联、有序并且能够实现远程管理等特性的无人工厂。这种“未来的智慧工厂”，需要设备与物联网、云计算、大数据、3D 打印、VR、人工智能等技术高度融合，因此是一个系统化、数字化、智能化的系统性工程。另一种说法相对简单，就是“物联网”（IoT）化的设备，也就是说所有设备都是通过物联网链接的智能设备。

无论哪种说法，智慧工厂是现代工厂发展的新阶段，是在数字化工厂的基础上，利用物联网技术、人工智能技术、神经网络技术和设备监控管理技术，实现生产过程的安全可靠，减少人工、减低成本，对设备数据实时采集反馈并智能地实现生产计划编排与控制，集绿色节能于一体的人性化工厂。

传感器、工业通信、控制系统是构成智慧工厂的基石。

首先是传感器，尤其无线传感器是仪器仪表的“耳朵、眼镜”，要想实现智能控制，首先要获取信息，无论是状态信息还是过程信息。这得益于微处理器和人工智能技术的发展。众多高效可靠的小型化、微型化传感器越来越容易制造。

其次是工业通信，尤其是无线工业通信。通信网络是各类设备的“神经系统”，传感器的数据、控制系统的指令都要通过通信网络来传输，在环境复杂的工业化环境中，大量数据的高速率传输对可靠性、低延时技术是一大挑战，对多样化数据的优化传输（数据优先传输选择）是影响未来制造业发展的革命性技术。工业网络技术是物联网技术领域最活跃的主流发展方向之一，包括 Wi-Fi、Bluetooth、LTE 及 5G 网络等。

最后是控制系统，控制系统是智慧工厂的“大脑”。随着智慧工厂的智能设备越来越多，自主控制与云端控制是控制系统的基本架构，包括运用神经网路、遗传演算法、进化计算、混沌控制等技术，实现设备的自我控制、自我学习、自我优化，利用大数据、云端技术，实现整体智能化。高速、高效、多功能、机动灵活等是控制系统的基本要求。

就当下而言，虽然更多的技术还在进一步实验与验证，众多顶尖科技公司、厂商正在全力研发，但以人工智能、物联网、大数据、云计算为代表的新技术飞速发展，全球新一轮技术革命方兴未艾，这段距离其实并不太远。

第二节　未来的个性化制造

当下社会，我们可能用着同样的一款手机，穿着同样的一款衣服，但我们中的不少人，还是会想办法给手机换个不同的铃声、不同的壁纸，或者加个不同的外壳来体现个性。还有那句“撞衫不可怕，谁丑谁尴尬”的俏皮话，其实也很好地说明了，工业化的千篇一律，往往满足不了个性化的要求。

在过去的工业文明时代，生产效率的不足是供需矛盾的主题；在现代社会，个性化定制是追求个性化的手段，而个性化定制周期长、价格高也是不争的事实。那么，传统商品是否能够个性化生产呢？

首先我们先看一个案例：Dell 电脑的成功之一就是大规模定制和个性化定制，其电脑模块化设计特征明显。在选购时，理论上每个客户购买每一款型号的商品都可能产生独特的配置，这些变量组合可以达到几十种甚至上百种，这就为各类客户提供了无限的可能。这在当时笔记本配置统一化的时代，是一个创举，后续众多品牌电脑厂商也陆续跟进。

工业 4.0 时代的一个概念是：硬件标准化，软件显个性。现在很多厂商都提供这样的生态环境，从最贴近我们生活的手机软件商店到衣服个性化照片热转印，再到珠宝定制、汽车选装件等，个性化定制是未来生产的方向，但个性化定制生产的比例在早期会很低。当下来看，按库存生产的 MTS 是生产的主流，按订单生产的 MTO 的量级也占比很大，个性化定制生产的比例会非常低。但随着智慧工厂的逐步走入生活，MTS 比例将会越来越小，MTO 比例会先升后降，而个性化定制将越来越多。

以 3D 打印为例，传统的一个物品大概率要经历设计、打样、开模、批量生产、销售各个阶段。而现在我们需要单独制作一个或者数个物品，只要使用 3D 建模软件，把需要的物品内外都设计好，找一个 3D 打印机打印就可以了，而且所见即所得，其结构也十分紧密，无须出现多个连接件。3D 打印降低单个物体制造成本，使规模化、个性化定制成为可能。而在传统制造业，这样的商业化应用显然是困难的。尽管3D打印优势众多，但设计入门难、可选打印材料少等原因，导致3D打印更适合辅助设计及进行个性化定制，并不能取代大规模机械化制造业。这也是3D打印机被热捧但是市场反馈不算优秀的原因。

从3D打印可以看出，此类技术的发展是以个人化需求与系统化的支撑环境为基础的。可以说，没有“个人化需求”就没有3D打印技术，也就不会有个性化定制生产。

“未来工厂”的解决方案，要同时支持MTS、MTO和个性化定制，不会因为个性化定制而大幅降低效率，也不会造成大量资源浪费，定制成本将会无限接近于量产的产品。利用大数据建立“个人化需求中心”，使大量的零件模块化，技术定制化；利用神经网络自主学习，生产商可以方便地获取用户需求，对市场情况进行分析，使生产商能够对整个制造过程进行设计规划，模拟仿真和管理，并将制造信息及时地与相关部门、供应商共享，从而降低风险，提高效率，甚至可以做到零库存。成本与风险的降低，势必带来价格的走低，个性化生产将从高端用户逐步走向中低端用户，进而形成一种趋势，并进一步降低成本，引发个性化定制潮流。

第十五章 ●●●●

智慧农业与家庭农场

我国是农业大国，而非农业强国。我国农业生产仍然以传统生产模式为主，传统耕种只能凭经验施肥灌溉，不仅浪费大量的人力物力，也对环境保护与水土保持构成严重威胁，对农业可持续性发展带来严峻挑战。在农业生产中，大部分化肥和水资源没有被有效利用而随地弃置，导致大量养分损失并造成环境污染。相信随着物联网技术的引入，我国的农业发展会进入一个新的时代，即“智慧农业”时代。

第一节 智慧农业的兴起

在农业专家相对匮乏的条件下，农作物的生长环境出现变化、病虫害能否及时有效地诊断，对于农业生产有着至关重要的影响。我国非常重视物联网技术在各个领域的研究，通过互联网及物联网技术提升农业生产、经营、管理和服务水平，培育一批网络化、智能化、精细化的现代“种养”+生态农业新模式，形成示范带动效应，加快完善新型农业生产经营体系，培育多样化农业互联网管理服务模式，逐步建立农副产品、农资质量安全追溯体系，促进农业现代化水平明显提升已经成为主流发展模式。该系统研究能真正地把先进的技术融入现代农业技术中，对农业数字化、信息化有非常大的推动作用。

智慧农业云平台系统整合了农业物联网、生态循环、农业产业化等相关业务资源，形成了智慧农业大数据中心。

智慧农业云平台通过传感设备实时采集农业环境的空气温度、空气湿度、二氧化碳、光照、土壤水分、土壤温度、棚外温度与风速等数据；将数据通过移动通信网络传输给服务管理平台，服务管理平台对数据进行分析处理。生产者可及时采取防控措施，降低生产风险；同时在云平台，生产者可远程自动控制生产现场的灌溉、通风、降温、增温等设施设备，实现精准作业，减少人工成本的投入。以智慧大棚为例，远程控制功能针对条件较好的大棚，安装有电动卷帘、排风机、电动灌溉系统等机电设备，可实现远程控制功能。农户可通过手机或电脑登录系统，控制温室内的水阀、排风机、卷帘机的开关；也可设定好控制逻辑，系统会根据内外情况自动开启或关闭卷帘机、水阀、风机等大棚机电设备。

国民经济和社会持续、协调发展离不开农业信息化的带动，进一步加强农业信息化建设，通过物联网技术、无线传输和传感技术，以及大数据、云计算技术改造传统农业，武装现代农业，设计一套高效、智能、可移植、成本低廉的精准化智慧农业系统，并通过信息服务实现小农户生产与大市场的对接，已经成为现代农业发展的一项紧迫任务（图 15-1）。

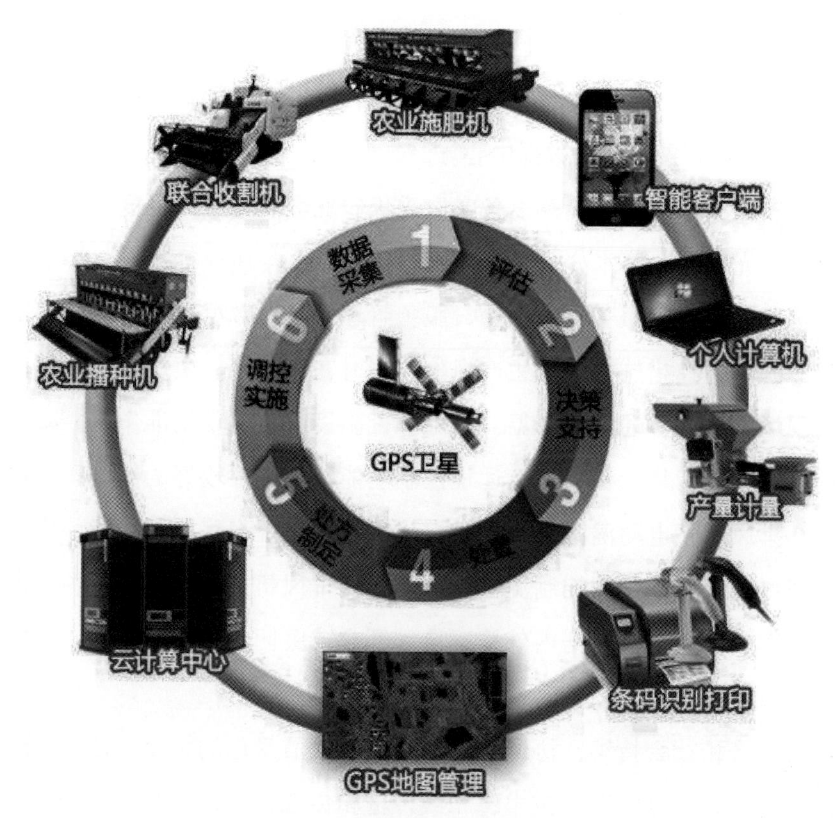

图 15-1 智慧农业大数据平台
（来源 http://www.bangnong.com/news/show/100240050.html）

第二节 农业数据服务

通过政府与企业或者企业间合作，不断获取多样的数据，将非结构化的数据转化成结构化的数据并分析挖掘核心数据，创建不同的指标，建立具有针对性的数据模型，以细分领域为切入点，逐步向多元化领域发展。

数据服务是利用传感器、无线通信、大数据、云计算、物联网、人工智能等技术进行数据收集并分析，通过可视化展示，对农作物的生长情况进行实时跟踪、病虫害检测，对农作物的产量进行预测等。

①土地土壤数据。通过传感器收集土壤温湿度、水分、pH 值等。

②天气气候数据。通过卫星遥感技术实时检测天气变化，对自然灾害进行提前预测。

③农作物生长数据。通过卫星、摄像头、传感器实时检测作物生长情况，根据历史数据进行产量预测等。

④病虫害数据。根据作物类型收集病虫害数据，提前预防，精准喷洒农药等。

⑤种植适宜区规划。根据卫星遥感影像数据，分析土地质量，进行适宜作物的耕种指导。

⑥作物产量预测。依据天气、作物生长情况及历史数据分析预测作物产量。

⑦作物长势检测、管理。以无人机、传感器为主要方式，实时监测作物长势，并进行灌溉、施肥建议。

⑧病虫害防治。根据病虫害及作物类型，提前预防，精准施药，确保作物少受损失。

农业数据收集主要有卫星、无人机和传感器“空天地”3 种方式，通过卫星遥感技术收集土地、农作物及气候等数据，无人机航拍实时监测农作物长势、病虫害等数据，传感器采集空气、土壤的温湿度、土壤水分、光照强度和农作物生长数据等，通过对收集到的数据进行分析、处理，并建立可视化模型，实现对农作物的精准管理。

卫星遥感技术是指利用卫星获取农作物数据、天气数据及病虫害数据。农作物数据是利用遥感技术，根据不同作物呈现的不同颜色、纹理及形状等遥感影像信息，划分农作物种植面积，检测农作物长势，估算农作物产量等。还可通过卫星获取天气数据、检测病虫害及自然灾害等。

由于中国土地分散严重，小规模检测成本高，行业内多以规模化种植（200 亩以上）企业、合作社等为首要服务对象。目前，农业卫星遥感技术最高精确度仅为几米，仍需要提高检测精确度。

我国应用在农业方面的空间卫星主要有风云气象卫星、北斗卫星和高分卫星，三者搭配地面监测站使用，能够获取实时、高分辨度的土壤综合情况及气候等，预估农作物产量和估算生长周期，目前多应用于大田种植。

第三节　无人机植保

无人机获取农业数据主要有两种方式：一种为利用无人机搭载摄像头进行航拍获取数据；另一种为利用无人机搭载遥感传感器，依据不同作物的光谱特性，识别作物生长情况，检测病虫害情况，更好地进行田间管理。

传感器是农业物联网的基础，利用传感器可以收集空气、土壤温湿度、二氧化碳浓度、光照强度、土壤水分、农作物生长情况等数据，多用于以温室大棚为代表的设施农业中，可提高作物产量与农产品品质。通过传感器收集土壤温湿度、空气温湿度、光照强度及灌溉量等数据，通过小基站将数据集成，运用无线网络传输将集成后的数据传输到大基站中，后将数据存储到云上。通过对云上的数据进行分析及模型构建等操作后，在终端实时显示，对作物生长进行精准管理。

中国用不到世界 9% 的耕地，养活了世界近 20% 的人口，但与此同时，中国农业化学产品消耗量也占据了全球总量的 47%。农药越用越多曾经是粮食产量增长背后的阴影。

在传统农业中，大部分农户习惯凭经验施药。为了规避病虫害的风险，对于一整块田地往往眉毛胡子一把抓，药往多了给，既浪费了农药，又造成了污染。

借助人工智能和遥感技术可以为农民提供病虫害遥感监测和精准科学施药服务。在农田里，每个地物目标的都会散发独特的电子辐射信息，利用搭载在无人机上的各种传感仪器收集农作物所辐射和反射的电磁波信息，并进行分析处理成像。通过遥感成像图，农田里难以观测的细节就能一览无余地暴露在人眼下。

农田中发生的病虫害会对作物叶片细胞结构、色素等产生影响，从而引起反射光谱的变化，借助遥感这一穿透性探测技术，便能探知农田各处的病虫害情况。

瞄准低空农业遥感需求，收集作物生长情况、气象、土壤等数据，并集成

AI 算法，建立起了光谱与农作物健康状况的关系，即农作物“体检档案”。

摸清相关“底细”后，开展农田作业的载体是无人机。每次监测后，无人机会把每片农田作物的视觉光谱数据回传至云端分析计算，并快速为每块“生病”的农田开出“处方”，再传输给植保无人机指导喷洒农药。施药后，监测机可持续抽样监测，跟踪病虫害防控效果。

数据显示，遥感技术可以检测出数十种常见病虫害所引起的病虫害程度的分布，准确率达 90% 以上。由于对农田病虫害有了实时精准探测，农药施洒量平均减少 50% 以上。这套解决方案能够帮助农户降低 20% ~ 50% 的种植成本。

不仅有遥感“问诊”，还可以为每一块农田建立“体检”档案。当越来越多“无迹可寻”的农田变成一目了然的数据，精准农业的基石便已经打下。

第四节　农机自动驾驶

我国农业机械化程度越来越高，大大提高了农业的生产力。但传统的机械应用完全依赖于人工操作，劳动强度大，对驾驶员技能要求高，作业质量无法保证，夜间作业质量更低甚至无法作业，尤其针对播种、开沟、覆膜、起垄、中耕、打药等对直线度及结合线精度要求较高的作业，无法保证质量和效率，导致土地严重浪费，作业损耗严重。当前的农业无人驾驶结合北斗组合导航技术、电液控制技术、计算机技术等，实现农用机械按照预设线路精确自动行驶，作业精度高，可以解决传统农机作业中的很多问题。农机自动驾驶系统解放了劳动力，大大延长了有效作业时间，提高了作业质量和效率，提高土地利用率，实现增产增收。

以农机自动驾驶为起点，运用新技术实现农业的耕种管收各个环节，不断提高测量耕地范围的精度及感知避让的解决方案，同时实现变量控制、流量控制及测土配方等一系列问题，解决劳动力人力投入，最终实现农机的无人驾驶（图 15–2）。

图 15-2 农机自动驾驶

农机自动驾驶的目的是提高作业效率及作业质量。传统的农机企业需要很多操纵杆，同时需要进行各种组合动作控制，才能实现农机的作业任务。而当前阶段的自动驾驶技术指的是在作业过程中，根据机手的简单按钮操作，利用卫星导航系统，实现农机的自动化沿直线作业，解决了以往农机作业时完全依赖机手的经验及熟练程度的问题。

目前，国内只有少数几家企业在做农机自动驾驶方面的研发工作，且核心部件多采用国外的设备，发展较缓慢，我国农机卫星导航系统仍处于追赶阶段。

第五节 精细化养殖

当前，养殖行业存在很多问题，如抗生素使用过多，畜禽产品药物残留严重，产品质量较差，以及畜禽每天的排泄物造成当地的环境污染问题。同时，畜禽产品死亡率过高，成本大大提升。大型养殖企业主要是利用环境控制系统、饲料饲喂系统及信息化管理系统等进行规模化养殖，而精细化养殖指的是利用新的技术、新的理念改变养殖行业普遍存在的问题，避免抗生素使用过多及养殖死亡率较高等。

养殖行业主要分为 4 个核心环节：育种、繁育、饲养和疾病防疫。精细化养殖利用新技术、新理念降低畜禽死亡率，提升产品质量，主要应用在繁育、饲养及疾病防疫 3 个阶段。

中国是世界生猪养殖和猪肉消费第一大国，生猪养殖量和存栏量均占全球总数一半以上。但对于中国的养殖户来说，养猪一直以来都是一个极耗心力的劳动密集型产业。

猪吃了多少饲料、长了多少肉、有没有着凉、有没有生病和是否受孕……猪传达出的每一个信号都需要养殖户密切注意，稍有疏漏，就可能造成严重的后果。因此，养殖场里少不了人日夜巡舍，养殖户也往往要住在离猪圈不远的地方，方便随时查看猪的状态。

目前京东开发的智能养殖巡检机器人集成了 3D 深度摄像头和温湿度感应器，可以检测猪舍气体、温度、湿度，并把信息反馈到控制中心，方便工作人员及时做出调整。

京东农牧的机器人还有“猪脸识别”技术，不但认得每一头猪，还能知道这头猪需要吃多少。每头猪的数据和智能饲喂机同步，可以做到让猪吃的饲料精确到克，做到不胖不瘦刚刚好。传统饲养模式下，猪只能凭力气抢食，导致劲儿小的猪出栏时体重可能只有 70 公斤，而劲儿大的猪体重可以达到 130 公斤。应用猪脸识别智能饲喂系统之后，同一栏猪出栏时的体重差异可以缩小到 5% 之内。

同时，阿里也在积极局部智慧养殖，阿里的工程师们开发出了一套能判断母猪是否怀孕的算法，以提升猪场产仔量。目前“怀孕诊断算法”已经比较成熟。养猪场内布置的多个巡逻摄像头能够 24 小时监控配种后母猪的行为，通过睡姿、站姿、进食量等数据判断母猪是否怀孕。智联网的实践在大型养殖场中开展得如火如荼，也带来了国内传统生猪养殖业生产形式的更迭。

第六节　未来的家庭农场——物联网阳台农业

未来对于社区食品安全解决方案，以“放心看得见”的方式去实现，即从阳台立体农业研究入手，建立“放心食品”服务体系。摒弃现有的食品安全溯源方案，因为其不能对结果负责。

其核心要义就是把阳台变为家庭农场，居民从买蔬菜变为种蔬菜；家庭从购买蔬菜放在冰箱逐渐坏掉，变为放在育苗箱内逐步生长、成熟起来；菜农从种菜变为育苗；商户从运输蔬菜销售变为阳台农业服务商，从而建立起从育苗到家庭种植服务的服务体系。同时，在军民融合的大背景下，军队营区的新鲜蔬菜供给也可以通过这个途径解决，使得边远地区和交通不便地区的营区也能吃上新鲜的蔬菜。

该系统由家庭蔬菜种植生长箱、近远郊蔬菜苗圃、物流配送系统、家庭种植服务平台和社区互助平台组成（图 15–3）。

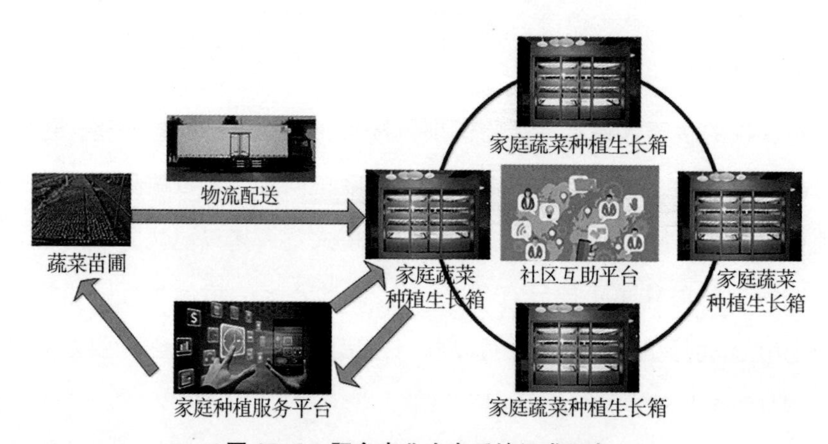

图 15–3　阳台农业生态系统组成示意

其中，家庭蔬菜种植生长箱为封闭系统，由摄像机、植物灯光、温湿度控制、新风、水肥灌溉和传感系统组成。传感系统包括温度、湿度、光照、土壤墒情等，可以将生长箱内环境情况发送到家庭种植服务平台。平台根据所种植的品种，可以远程控制水、肥、温湿度等，达到理想的培育环境。

在近远郊建设温室大棚的种苗基地，进行规格化的种苗培育。主要进行3类育苗：叶菜、芽菜和菌类。

家庭种植服务平台由订单系统和种植远程控制系统等组成。其中，远程控制系统利用物联网技术实现家庭种植的自动化；订单系统可以根据用户习惯和生长箱内蔬菜存量自动生成订单发往苗圃。

另一个信息平台是社区互助平台，是为了社区种植户能够将多余的蔬菜与邻里间实现互通有无，可以搭载在已有的社区交友平台中。

物联网阳台农业有以下几点好处。

1. 是食品安全的一种有效解决途径

为了食品安全，国家出台了不少政策和技术措施，但是都得不到老百姓的认可，为此也花费颇多。目前市面上的一些所谓有机食品，不但价格昂贵，而且品质也无法保障。而如果是自己种植的蔬菜，在生长过程中用的水和肥都是自己可控的，虽然没有经过安全食品鉴定，无法标定为“安全食品”，但是社区居民是认可的，是可以放心食用的。

2. 有效增加国土可耕种面积

随着城市化进程的展开，我们国家可耕种面积处于红线。虽然国家规定了18亿亩的耕地红线，但是在具体执行过程中屡屡受到破坏。而在阳台立体种植，有效地增加了可耕种面积，而且环境及产量可控，摆脱了靠天吃饭的传统农业。

3. 有效增加农民收入

农民变种菜为育苗，可以立体种植，变一茬为多茬，能够有效增加农民的收入，也是解决“三农”问题的一个手段。

4. 有效减少城市垃圾处理

在蔬菜采摘和运输过程中，每一个环节都会产生垃圾。全国城镇居民每日的蔬菜消费中，伴生的垃圾也是巨量的。而阳台种植，从采摘到厨房几步之遥，而且是现摘现吃，几乎不产生垃圾。

5. 辅助教育孩子对生命的认知

城市里的孩子现在接触农作物比较少，所谓“四体不勤，五谷不分”。通过家庭阳台种植，可以让孩子长期观察各种蔬菜的生长过程，了解农业知识，辅助对孩子的生命教育。

6. 有益于老年人老有所为

老有所为是养老的高级境界，但是现今城市社区中老有所为的环境不是很多，导致有很多老年人参与到传销和虚假营养品的推销活动中。而有了阳台种植项目，每天的耕耘和收获，使得老年人有了老有所为的途径和场所，劳动强度也适合老年人，解决了养老中的一个难题。

7. 增加了军队后勤供给的途径

在边远地区和交通不便地区，战士和家属很难吃上新鲜蔬菜。以往都是通过自己开荒种植的方式，产量低、费工费时。而采用这种方式，由于生长环境有保障，可以长期供给新鲜蔬菜。虽然品种不会很丰富，但是基本可以保障日常生活使用。可以作为军民融合的一个项目推广到军队的后勤部门，作为装备配发。

●●●● 第十六章

车联网与自动驾驶

车联网与自动驾驶已经在研发和试用过程中，由于没有投入使用，离我们现实生活较远，所以把这部分内容放到了物联网未来应用愿景中介绍，希望激起读者对未来实现全无人驾驶的畅想，不再为考驾照而痛苦。

第一节　车联网的内涵

车联网，顾名思义，可以简单地理解为车与车外事物互联。车联网的具体定义为：以车内网、车际网和车载移动互联网为基础，按照约定的通信协议和数据交互标准，在车—X（X：车、路、行人及互联网等）之间进行无线通信和信息交换的系统。它是物联网（IoT）技术在交通系统领域的典型应用。车是车联网的基本载体，信息化是车联网的核心，基于车辆信息化的应用是车联网的本质，安全、智能、高效、节能、环保、舒适是车联网的主要目的。车联网是实现智能交通和车辆智能化控制的一体化网络。

机动车巨大的保有量及快速增长带来了交通、能源、环境等诸多问题。车联网技术在提升交通效率、减少能源消耗、降低环境污染等方面均具有重要作用。在欧、美、日等发达国家起步较早的有 eCoMove、Connected Vehicle、

SmartWay 等研究项目，并出现了以福特 SYNC、通用 OnStar、丰田 G-book 等车联网应用系统。在我国，车联网的发展有着良好的市场空间，加上北斗系统的推广应用也为车联网的发展提供了难得的机遇，制度也在逐步完善，如 GB 7258《机动车运行安全技术条件》的施行，为车联网的数据打下了基础。但我国车企存在着信息技术水平普遍偏低的瓶颈，加上行业相关技术标准不统一，行业内尚未形成完整的产业链，制约了我国车联网产业的发展。部分企业对于车联网的研发还停留在车载信息服务的阶段，也有部分企业推出的产品还远远达不到市场对车联网的基本要求。但车联网技术作为解决出行问题的新手段，加上良好的市场应用前景。在我国经济转型、培育新型产业的大环境下，势必创造大量的新岗位，是未来就业的热门行业。

车联网技术的应用包括车辆安全与控制、信息服务，智能交通等方面（图 16–1）。

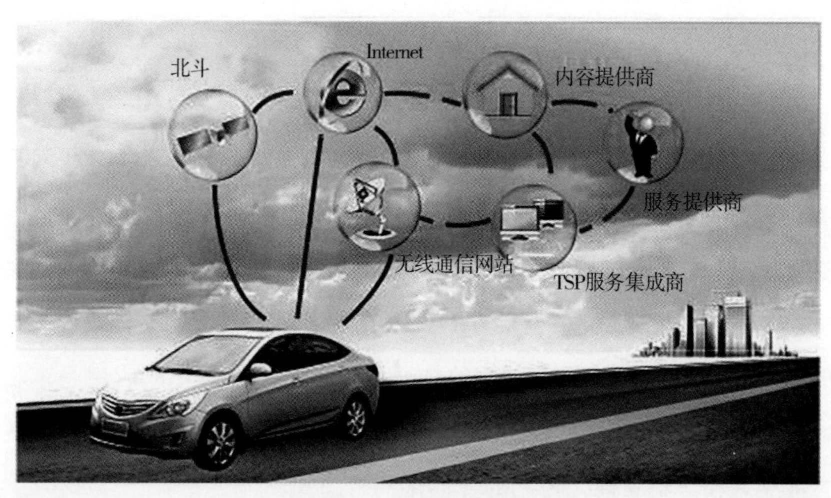

图 16–1 车联网的概念

（来源：http://www.cq361.com/article/928）

车辆安全与控制方面：车联网可以通过摄像头、雷达等传感器实现预警（如红灯预警、行人预警等）并通过车内声光震动等设备提醒驾驶员，也可通过紧急制动禁止疲劳驾驶、酒后驾驶等，有效降低交通事故的发生，保障人员及车辆安全。

信息服务方面：车联网可以提供精准高效的信息服务，如准确的拥堵信息、高精度地图、实时导航数据及道路状况预判等。同时，也可以提供车内外环境、车况信息、行驶信息，并在授权范围内提供给车辆生产企业及管理部门，确保车辆及行车安全。

智能交通方面：车辆将实时交通数据发送给智慧交通平台，并从智慧交通平台实时获得即将行驶的路段信息，根据交通状况自动调整车辆轨迹并实时传送给智能交通平台，实现智能交通管理，减少拥堵；结合信号灯数据，可智能控制车速，减少或避免停车等待，提高通行效率；结合智能停车场管理，实现预约泊车，降低停车难度。

车联网作为一个庞大的物联网应用系统，有着众多参与者，包含了大量的数据，所以，建立一套保证其高效运行的规范标准体系是当务之急。

第二节　智联网让汽车长了眼睛

安全行车，眼观六路是首要前提，想要实现自动驾驶，很重要的一环就是让车“看得见”。车如何能“看得见”，一方面取决于车载传感器；另一方面取决于智联网、大数据、预判与分析。

首先，传统的“看得见”设备有摄像头、雷达等，通过摄像头、雷达等感知车辆周围的情况，在危险工况下为用户提供必要的报警提示，如车道偏离预警（LDW）功能、前碰撞预警（FCW）功能、智能大灯控制（IHC）功能，以及驾驶员注意力不集中或疲劳驾驶预警、摄像头视觉增强等。

近年来，众多国际互联网公司在自动驾驶方面不断摸索，为了让车能“看得见”，谷歌一开始用摄像头和激光雷达，激光雷达解析度非常高，但是在不良天气情况下，就成了摄像头一般，效果不佳。后来实验中加入了毫米波雷达，其特点是看得远、速度快，还可以测速及提取其他物体的参数。为了安全起见，业界通行的方案是这3种传感器一起使用，远的靠毫米波雷达，近的靠激光雷达，最近处靠摄像头。

但是，这种方法不仅费用高，且只是单体数据，交通参与者之间没有通信，远处信息无法预判，仅仅是“看得见”，却“看不远”。

想要“看得远”，光获取数据是不够的，智联网在这里就有了用武之地。智联网中的参与者可以根据统一协议自己协同，通过AI技术和神经网络技术，实现真正意义上的互联互通，每一个交通参与者都将自身获取的数据通过统一的标准发送给云端，云端对数据进行加工分析后，将数据提供给每一个交通参与者，这样就实现了所有交通参与者的互联互通，并可以进行远程数据共享，实现千里眼，避免拥塞，避免碰撞（图16–2）。

图16–2 智联网车辆

（来源：https://mp.weixin.qq.com/s/pGkm2LSSgSVVYnJ9ptrC3w?）

根据车企相关数据，目前我国拥有超过1000万辆有部分自动驾驶功能（L1、L2级别）的车，未来还会有更多。一方面，智联网车辆可以使每台车播报自己的位置、速度和方向，让周围的车、道路使用者能够知道，即使被其他物体挡住或在传感器盲区、死角都能够知晓，充分保证了交通参与者的安全；另一方面，智联网可以提前获知远处道路状况，对数据进行智能分析并指挥协调各交通参与者之间的距离和速度，避开事故及拥堵。数据越完善，技术越成熟，交通就不会拥堵，车辆行人也越安全。

目前，大量车辆还是处于传统状态，要想实现智联网，就必须有统一标准，所有交通参与者都拥有并遵守这个标准，不能自说自话，各自为政，不然就等于两个外国人互相听不懂。我国现在已经有数家厂商申请了自动驾驶的路测，部分城市（上海、郑州）已经有无人驾驶的车辆（公交车），这都归功于智联网这双车辆的“慧眼”。

我们相信汽车有了“眼睛”以后，车联网、自动驾驶会有突飞猛进的发展。汽车电子、移动无线通信和物联网，将会带来巨大的市场空间。正因如此，传统车企、移动通信、互联网公司都在加大在智联网上的投入力度。

第三节　智联网让汽车有了思想

车辆有了千里眼，顺风耳之后，是否可以为我们做得更多？答案很显然：能！在人工智能、车联网系统高速发展的今天，“一个方向盘＋四个轮子＋冷冰冰的机器”这样的简单系统已经远远不能满足人们对车辆的需求，于是，各种融入了智能操作系统的车载操作系统逐步走入市场，从此汽车不再是一个冰冷的机器，而是一个通人性、有温度的伙伴。

智联网汽车，也称为轮式移动机器人，是指车联网与智能车的有机联合，是搭载先进的车载传感器、控制器、执行器等装置，并融合现代通信与网络技术，实现车与人、车、路、后台等智能信息交换共享，实现安全、舒适、节能、高效行驶，并最终可替代人来操作的新一代汽车。

2010 年国际 Telematics 产业联盟（ITIF）正式成立至今，车辆从简单的辅助驾驶升级到现在的初级自动驾驶及实验中的高级自动驾驶。如今从最低端的车辆到豪华车型，基本都配置了辅助驾驶，甚至在部分车辆中，可以自动避开碰撞，哪怕驾驶员失误操作如误踩油门也不会影响车辆避撞。从完全手动控制车辆，到危险操作机器优先控制，甚至到动动嘴就行。自然语言识别、语义分析、生物识别、执行反馈会越来越多地应用到车辆中。未来出行，只需要指定目的地，车辆就会自动识别是否是被授权使用人，并根据对应人员喜好，自动调节车内环境，将驾乘人员安全、高效，舒适地送至目的地，抵达目的地后车辆自动识别停车场并自动泊车，等待下一次出行。

当然，这中间还有很长的路要走。首先，最大的难点就是现有的人工智能技术如何能突破传统的“有限状态机”的理论，即存储器中的“记忆”。目前的机器只能进行一些简单的“归纳式思考”，只能命中规则，它不具备人类的“联想”和“演绎”能力。这项技术也许在不久的将来会由量子计算机、生物计算机来突破。

其次，我们还要面对系统学终极理论的问题，系统本身需要太多自身系统和周边系统的支持，而依赖越多的系统越脆弱。系统通过各种传感器确认各项参数，确定路线，如果传感器出现问题，那么系统的安全可靠性就荡然无存。虽然我们可以增加备份系统，但也不能确保整体系统的安全性，当备份系统与原始系统数据不一致时，如何取舍数据，也是一个重大的课题。诚然可以通过多次叠加备份系统获取更高的可信程度，但由此带来的成本问题、能源问题、执行效率问题也将带来不可避免的影响。未来计算的混沌算法可能识别并更好地处理这个问题。

最后，我们还要面对伦理问题、法律问题及信任危机。虽然目前法律授权无人驾驶的实验性路试，车辆上其实还是有人类驾驶员，一旦没有驾驶员，那么由无人驾驶引发的道路事故，制造商承担责任还是由谁来承担责任？是否违反学界提出的机器人（人工智能）三定律？（第一定律：机器人不得伤害人，也不得见人受到伤害而袖手旁观；第二定律：机器人应服从人的一切命令，但不得违反第一定律；第三定律：机器人应保护自身的安全，但不得违反第一、第二定律。）另外，路试的无人公交车，您敢坐吗?

技术的发展不可避免会带来众多挑战，虽然要解决的问题众多，但社会的高速发展会给新技术带来更多的可能。我们也相信智联网在现代技术的推动下，会越来越人性化，越来越可靠，未来出行将会更美好。

第十七章

未来的智联网医疗

未来的物联网应用，也将从宏观进入微观。在医疗领域，微粒机器人将执行内部检查、复杂的手术任务等，甚至执行基因修复任务，会成为医生的好助手。

第一节 智联网在抗疫中初显神通

在新技术层出不穷的今天，计算机技术、网络技术在生命科学领域有了更多的应用，2020 年年初新冠病毒 COVID -19 袭来，我国的“雷神山”“火神山”医院在外观平平无奇的板房内，却隐藏着众多高科技装备，从传统的通信技术到 5G，从高带宽低画质的音视频传输到仅需 512 K 的低带宽就能保证 1080 P 的高清音视频传输，无一不体现科技在医疗领域的重大贡献。

利用千兆网络固定接入，5G 为移动接入的 HIS（医院信息系统）、PACS（影像存储传输系统）等核心系统，医疗核心应用全面上云，使得基础的远程指挥、远程会诊、远程监护、远程手术和数据传输等成为可能。即便远在千里之外，外地的专家、医师也可以通过该系统高效诊断病情，实现远程会诊，减少了医患直接接触，减少疫情传播途径。

用来运送患者或物品的 5G 智能车可以通过语音操控和远程调度；医用推车也集成有联网的移动摄像头，可进病房近距离拍摄病患情况，实现云查房；智能递送机器人代替工作人员运送化验单、药物等；消毒机器人可以代替工作人员进入污染区进行自动消毒；红外测温结合 AI 技术的分析系统，能及时发现人群中的异常发热人员，连同智能安防，准确识别场景中的人物，对区域进行智能防控，在异常发生时，自动通知工作人员。以上种种都可以实现远程控制，实时互联，极大地减轻了医护人员的工作量，并降低了感染的可能。

在疫情建模和疫苗研究方面，众多高性能计算厂商及研究院所就利用超级计算机结合网络实现协同运算，在流行病学和分子建模上节省了大量时间，用传统方法需要数年时间的结果，在 IBM、亚马逊、微软、麻省理工学院（MIT）、NASA、谷歌、NVIDIA、惠普、阿里云、腾讯云等众多超算、云计算的协同下，数月乃至数天就得出最新结果，为抗疫这场没有硝烟的战争提供了先进的武器，后续的疫苗位点选择，更是有机构提供了开源程序，让所有能链接网络的具有算力的设备都能加入进来，共同为抗击疫情、更快地研发药物及疫苗贡献力量。在人工智能的加持下，实现了智能判断，判断的数据越多，结合深度学习，使得人工智能越来越“聪明”，让快速筛查成为可能。

第二节　从可视技术到微粒机器人

时下最流行的 PET/CT 技术，是 PET 和 CT 的有机结合体，可以同时获得 CT 解剖图像和 PET 功能代谢图像，无论从肿瘤鉴别到肿瘤的分级确定，还是从对治疗中的病灶确定、治疗靶向区域确认，到治疗效果评估都有巨大的应用潜力，在早期癌症、阿尔茨海默病、癫痫等众多医学难题中的应用前景十分广泛。

当然这只是诊断，不是治疗，狭义地说这也不算是“真实的看见”，要想治疗，或者“真实的看见”，就不得不进行暴露式的手术探查或治疗，这对患者伤害极大。于是，微粒机器人内镜技术出现在人们的视野中。

学界普遍将现有的微粒机器人分为三代：第一代，是把生物系统和机械系统有机结合的新系统；第二代，是由原子或者分子装配成的具有特定功能的纳米尺度的分子装置；第三代，可能是包含有纳米计算机的一种可以进行人机对话的装置。

第一代的设备已经初步应用，现在的医院，做一个无线内镜检查是稀松平常的事情，传统的痛苦的检查手段，变成吃药一般，吞服一粒胶囊即可。重庆某研究院研制的“OMOM 胶囊内镜系统”纳米机器人医生，通过自身携带的摄像装置和信号传输装置，可以无创地进入人体，将人体内的图像信息传输到医生的诊断终端上，而机器人能够连续工作数小时，未来还可以实现自动识别病变，自动取样，部分病变还可以自动治疗。

无论是微创内镜手术、无线内镜，还是机器人辅助手术都在逐步得到应用。当然这也是很粗放级别的治疗，还没有达到真正意义上的微粒，真正意义上的靶向，小到看不见的机器人，精准地除去病变部分，丝毫不伤正常组织，这是技术发展必然方向，也就是第二代乃至第三代机器人，这正是当下研究的重点。

第三节　从靶向治疗到基因修复

在实验室已经制作出了数微米的机器人，在模拟环境下，可以由体外设备操作，以便实现精准治疗，未来可用于治疗某些传统手法无法治疗或者治疗效果不好的疾病，如癌症、血栓等。

第二代、第三代微粒机器人往往都十分微小，甚至达到纳米级别，这级别的大小，普通的医疗成像技术都无法看清，如何在普通医院实现精确操作呢？一是利用体外设备，对机器人进行群体操作，发现目标，打击目标，这就要高分辨率的设备小型化、普遍化。二就是给这些机器人装上“智慧的大脑”，利用受体与靶点让这些机器人无须操作就可以根据自身的特异性识别目标，精准打击病变。例如，针对某类特定疾病的单项机器人，就可以搭载人工合成的DNA 靶向识别片段，将片段作为容器包裹住治疗该种疾病的药物，当遇到特定疾病时，该片段结构崩解，容器中的药物释放出来。未来也许还可以通过搭载生物计算的机器人进行自动识别。

智能微粒机器人会越来越“聪明”，可以高效地识别外来入侵病毒、病原体，这就是类似于白细胞的“哨兵机器人”，可实现机体的防御与巡查。未来遇到新型的病毒、病原体，很大可能只需要“升级”“哨兵机器人”就可以实现免疫。种牛痘、打疫苗也将成为过去式。

这也只是针对病变部位或者外来入侵，那么遇到基因缺陷或者突变怎么办？当代研究显示，很多疑难病都是和某种 DNA 缺陷或者某种蛋白质不能顺利表达有关。这类疾病通常具有遗传性，影响的不仅仅是一个人，往往患者的后代也会被该疾病困扰，如广泛分布在世界许多地区，包括我国广东、广西、四川及江南地区也时有发现的地中海贫血（珠蛋白生成障碍性贫血），就是典型的由遗传基因缺陷所导致的疾病，传统的医疗手段对中重型患者方法有限，除了异基因干细胞移植外基本没有治愈手段，患者基本终生需要输血、去铁治疗等，生存周期短且生命质量低下。而应用基因修复的微粒机器人可以利用 CRISPR 技术实现准确的基因修复（图 17–1），修复珠蛋白基因突变或缺失点，让这类疾病得以治愈。某些后天感染的疾病也可以通过此类方法实现治愈，如艾滋病（HIV）可以利用微粒机器人将基因 CCR5 位点修饰之后，使得艾滋病在人体内缺乏受体而被治愈，后续也可以修饰其他位点来控制艾滋病的表达。

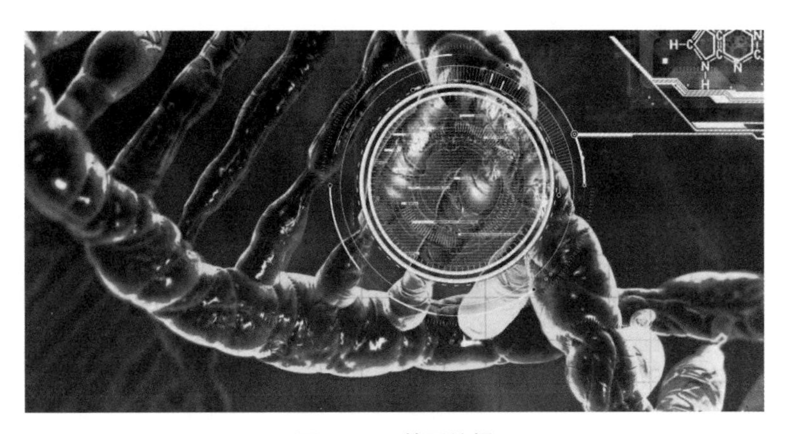

图 17–1　基因编辑

微粒机器人将为这些疾病的快速准确诊断、治疗提供有效的手段。这里涉及对基因表达的认知，如敲除 CCR5 基因位点后可以防止艾滋病的同时也对中风的防治有积极意义，但对是否会有其他的不利影响还缺乏研究。同时，如何让微粒机器人在纳米空间识别出基因突变位点和如何修复突变基因，基因编辑技术的准确性和安全性也是挑战。

虽然这类可以进行基因修复的机器人能够治疗众多疑难杂症，以及那些长期危害人类生命的疾病，人类已经来到了可以决定生命进化的临界点，但由此带来的伦理问题、社会问题、法律问题如何解决？我国出生的两名经过基因修饰的双胞胎女孩，在出生前就被中国的一个科研小组用新的编辑工具 CRISPR 修改了基因已经引起全世界的关注，这对双胞胎女孩的基因是否会对其个体带来负面影响，是否会有不可知的后遗症，是否会影响人类基因库都是巨大的问题。

在未来技术的加持下是否会有长生不老的人类？是否会有超级人类的诞生？这些都是我们要思考的问题，都会给社会带来巨大的冲击。虽然面临巨大的伦理挑战，我们也不得不承认，这项技术依然非常诱人，它也许是未来抗生素走到尽头，各类疾病暴发时的生命之光。在伦理问题解决之前，至少我们可以利用微粒机器人实现类似于白细胞的“哨兵机器人”的作用，也可以设计制造各种各样的用于医疗和保健目的、靶向治疗某些特定疾病的微粒机器人。

●●●● 第十八章

数字孪生的未来应用

数字孪生的概念最早可以追溯到Grieves教授于2003年在美国密歇根大学的产品全生命周期管理（Product Lifecycle Management，PLM）课程上提出的“镜像空间模型”，其定义为包括实体产品、虚拟产品及两者之间连接的三维模型。2011年，美国空军实验室明确提出面向未来飞行器的数字孪生体范例，指出要基于飞行器的高保真仿真模型、历史数据及实时传感器数据构建飞行器的完整虚拟映射，以实现对飞行器健康状态、剩余寿命及任务可达性的预测。此后，数字孪生的概念开始引起广泛重视，相关研究机构开始了相关关键技术的研究。数字孪生的应用也从飞行器运行维护拓展到智慧城市、产品研发、装备制造等丰富的场景中。数字孪生技术为实现实体和信息融合的信息物理系统（Cyber Physical System，CPS）提供了清晰的新思路、方法和实施途径。

第一节　数字孪生是什么

数字孪生（Digital Twin，DT）是一种实现物理系统向信息空间数字化模型映射的关键技术，它通过充分利用布置在系统各部分的传感器，对物理实体进行数据分析与建模，形成多学科、多物理量、多时间尺度、多概率的仿真过程，将物理系统在不同真实场景中的全生命周期过程反映出来。借助于各种高性能传感器和高速通信，数字孪生可以通过集成多维物理实体的数据，辅以数据分析和仿真模拟，近乎实时地呈现物理实体的实际情况，并通过虚实交互接口对物理实体进行控制。数字孪生的基本概念模型如图 18-1 所示，它主要由 3 个部分组成。

①物理空间的物理实体；

②虚拟空间的虚拟实体；

③虚实之间的连接数据和信息。

就数字孪生的概念而言，目前仍没有被普遍接受的统一定义。

数字孪生在发展过程中随着认知深化，主要经历了 3 个阶段。

①数字样机阶段。数字样机是数字孪生的最初形态，是对机械产品整机或者具有独立功能的子系统的数字化描述。

②狭义数字孪生阶段。由 Grieves 教授提出，其定义对象就是产品及产品全生命周期的数字化表征。

③广义数字孪生阶段。在定义对象方面广义数字孪生将涉及范围进行了大规模延伸，从产品扩展到产品之外的更广泛领域。

世界著名咨询公司 Gartner 连续 3 年将数字孪生列为十大技术趋势之一，其对数字孪生的描述为：数字孪生是现实世界实体或系统的数字化表现。因此，数字孪生成为任何信息系统或数字化系统的总称。

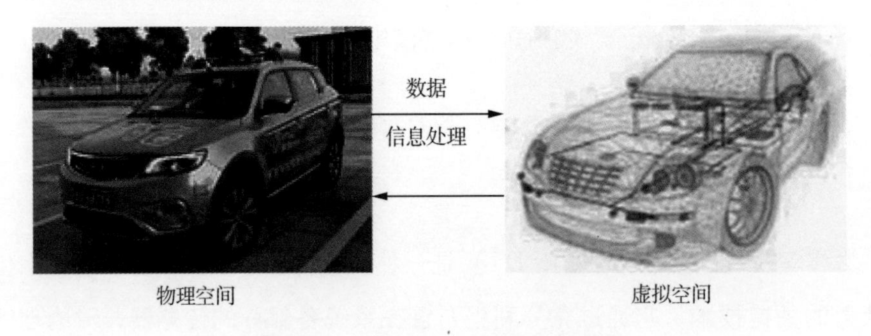

图 18-1　数字孪生的基本概念模型

第二节　数字孪生中的交互与协同

交互与协同是数字孪生的关键环节，虚拟实体通过传感器数据监测物理实体的状态，实现实时动态映射，再在虚拟空间通过仿真验证控制效果，并通过控制过程实现对物理实体的操作。数字孪生中的交互与协同包括物理—物理、虚拟—虚拟、物理—虚拟等形式，涵盖人、机、物、环境等多种要素。其中，物理—物理交互与协同可以使物理设备间相互通信、协调与协作，以完成单设备无法完成的任务；虚拟—虚拟交互与协同可以连接多个虚拟模型，形成信息共享网络；物理—虚拟交互与协同使虚拟模型与物理对象同步变化，并使物理对象可以根据虚拟模型的直接命令动态调整。

当前，数字孪生深层次交互与协同方面的研究还比较少，仅在实时数据采集、人机交互等理论上有部分研究。“物理融合、模型融合、数据融合、服务融合”4 个维度的融合框架可以为实现数字孪生的交互与协同提供参考框架。其中，物理融合能够基于物联网智能互联协议实现系统异构要素的智能感知与互联，并精准控制复杂动态环境下系统异构资源的行为协同，相关技术包括智能感知与互联技术、数据传输与融合技术、分布式控制技术等，能够为物理—物理层面的交互与协同提供支撑；模型融合主要涉及多维模型的构建、评估与验证、关联与映射、融合等过程，从而形成一个完整的、高保真的虚拟实体映射模型，进而为虚拟—虚拟层面的交互与协同提供支撑；数据融合基于清洗、聚类、挖掘、融合等方法对实时传感数据、模型数据、仿真数据等进行挖掘，真实刻画系统运行状态、要素行为等动态演化过程和规律；服务融合基于孪生数据分析驱动并影响物理实体和虚拟实体的运行，为系统的智能管理和精准管控提供决策支持。因此，数据融合与服务融合共同实现物理—虚拟双向交互与协同过程。

虚拟现实（Virtual Reality，VR）、增强现实（Augmented Reality，AR）、混合现实（Mixed Reality，MR）称为 3R 技术，是一类以沉浸式体验为特征的人机交互技术，被视作实现数字孪生交互与协同的有效手段，得到了广泛的研究。例如，图 18–2 即为操纵机器人协同完成智能装配的过程。然而，当前的研究仅仅局限在将 3R 作为人机交互的手段或视觉呈现的接口，没有将 3R 与数字孪生有效结合。未来，如何将 3R 技术结合到数字孪生架构中，为虚拟实体、物理实体和人的深度信息交互与协同提供支持还需要进一步研究。同时，3R 技术应用到数字孪生还存在大量高精度传感器布置等技术难点。此外，3R 技术本身发展还不成熟，存在实时三维建模、精准定位等技术瓶颈，也亟待突破和提升。

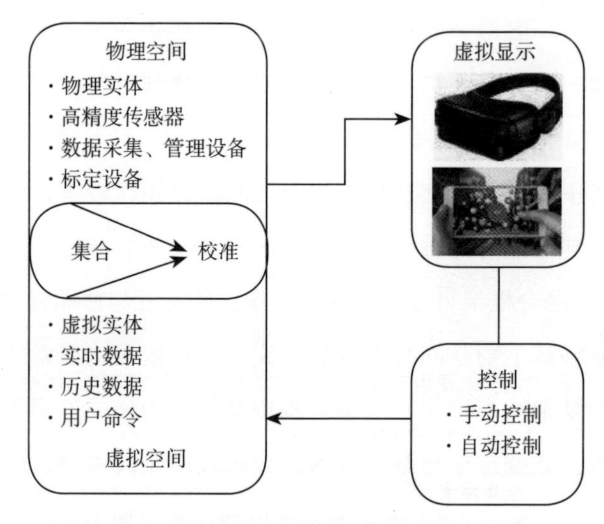

图 18–2　增强现实实现数字孪生可视化框架

第三节　数字孪生未来的行业应用

一、在供应链管理中的应用

世界最大的轴承制造商斯凯孚（Svenska Kul-lagerfabriken，SKF）已经将数字孪生模型应用到其分销网络中，该模型包含 800 个库存量单位的主要数据，涵盖 5 个系统的 40 个安装单元，使供应链管理人员能够基于数字孪生的可视化和完整视图进行全球化供应链管理决策。将数字孪生引入供应链管理可以实现以下功能。

①实时在线响应。基于供应链实时数据可视化，可以提高决策响应的速度。

②通信与协作。供应链各参与方可以加强通信与协作。

③智能优化。基于数字孪生对数据的分析预测，可以实现有效的人机协同决策，优化管理。

④整体决策。通过对供应链参与方的全局视图，企业可以进行全局决策。

但是，数字孪生在供应链中的应用还面临着节点数据采集困难、建模环境复杂、缺少数字孪生标准、数据所有权及数据滥用和安全等问题。

二、在智能车间中的应用

全球性的产能过剩，导致企业间的竞争越来越激烈，如何提升生产效率、缩短产品周期，成为世界各国关注的问题。车间是制造业的基础组成部分，如何提升车间的智能化水平，实现生产流程数字化是目前关注的焦点。但是，目前用传统的虚拟车间、数字化车间设计的智能车间存在非实时交互、数据利用率低等问题。基于数字孪生技术，能够有效提升车间生产过程的透明度并优化生产过程。

数字孪生车间模型主要包括物理车间、虚拟车间、车间服务系统和车间孪生数据 4 个部分，通过物理车间与虚拟车间的双向映射与实时交互，实现物理车间、虚拟车间、车间服务系统的全要素、全流程、全业务数据的集成和融合，在车间孪生数据的驱动下，实现车间生产要素管理、生产活动计划、生产过程控制等在物理车间、虚拟车间、车间服务系统间的迭代运行，从而达到车间生产和管控的优化运行。构建数字孪生车间，实现车间信息与物理空间的互联互通与进一步融合将是车间的发展趋势，也是实现车间智能化生产与管控的必经之路。

三、在智能制造中的应用

当前，制造业正在经历新一轮的产业变革，世界各国纷纷推出以“工业互联网”和“工业 4.0”为核心的制造业升级计划，我国也提出了“中国制造 2025”发展战略，并将智能制造作为其重要组成。制造设备是生产制造过程的基本单元，数字孪生可以通过对制造设备、制造过程的虚拟仿真，提高制造企业设备研发、制造的效率，为解决面向产品全生命周期的管理和升级提供支持。

数字孪生可以应用到制造过程的设备层、生产线层、工厂层等不同的层级。在设备层，数字孪生可以在产品设计时就创建一个数字虚拟样机，在虚拟样机中同时构建其机械、电气、软件等模型，在虚拟环境中验证制造过程并提前发现可能出现的问题。在生产线层级，可以通过数字孪生刻画生产线不同工序之间的装配流程，提前对生产线中的安装、测试工艺进行仿真测试，当虚拟生产线测试通过后，实际生产线便可以直接安装使用，进而大大降低生产线安装成本。在设备层和生产线层的基础上，可以建立整个制造工厂的数字孪生，构建计划、质量、物料、人员、设备的数字化管理。

四、在故障预测和维护中的应用

数字孪生诞生之初的应用就是飞机的故障预测，故障预测和安全运维对飞机、船舶等大型设备和基础设施至关重要，通过高保真、实时更新的虚拟模型进行产品的全生命周期管理也是数字孪生的重要研究方向。大型设备的故障预测和健康管理是一项十分复杂的工作，这一方面是由于该类设备整体上结构异常复杂，内部各组成部分之间关联紧密；另一方面受制于实时数据的缺乏。基于数字孪生进行故障预测和设备维护，能够基于动态实时数据快速捕捉故障，准确定位故障原因，同时评估设备状态，进行预测维修。

基于数字孪生进行装备设备的故障预测和维护，首先需要建立其电子、机械三维模型。接着，根据外场数据分析，梳理典型高发的故障模式，建立产品典型的故障模式及原因分类库，再综合考虑产品中的机械、电子产品的多物理结构，建立系统级的多物理多应力下的仿真模型，并根据各类试验结果，对设备的关键特征参数、应力及机制模型进行修正，最终形成数字孪生基准模型。在使用过程中，通过传感器不断进行虚实数据交换，并基于数据修正虚拟模型，最终实现对物理设备的精准描述。同时，通过对物理实体使用数据、故障数据、维修数据的更新，计算其损耗，预测设备的剩余寿命，并指导维修决策。

五、在产品研发中的应用

产品设计是大部分产品在研发中耗时最长、成本最高的阶段，因此，早期产品设计的快速更新迭代十分重要。计算机辅助设计是当前产品设计研发的主要辅助手段，但是，计算机辅助设计存在以下主要问题。

①缺乏完整有效的产品全生命周期数据，无法形成有效的数据库支持，需要进行大量重复性工作；

②模型复杂，建模难度高且难以理解；

③仿真验证方法不够精准，产品原型验证困难，周期长。

针对上述问题，将数字孪生引入产品设计研发，能够帮助用户以更少的成本和更短的时间将产品推向市场。

数字孪生能够在虚拟空间中复现产品和生产系统，使产品和生产系统的虚拟模型和物理模型实时交互。在数字孪生中，产品的虚拟模型和物理模型实时交互大量的数字孪生数据，能够支持建立相应的产品设计知识数据库，并提供一定的设计辅助。同时，基于对孪生数据的分析，可以帮助解析部分复杂的物理模型，降低设计的难度，最后，虚拟实体与物理实体精准映射、共同进化，通过对比虚拟实体与物理实体之间的误差，能够发现设计和实际系统之间的误差，帮助快速验证系统原型设计。

六、在智慧城市中应用

2008年，IBM提出“智慧地球”的理念，引发了建设智慧城市的热潮。近年来，一些国家开始将数字孪生应用到建设智慧城市中。例如，新加坡构建了城市运行仿真系统 CityScope，实现对城市的仿真优化、规划决策等功能；西班牙在城市中广泛部署传感器，感知城市环境、交通、水利等运行情况，并将数据汇聚到智慧城市平台中，初步形成了数字孪生城市的雏形；雄安新区首次提出建设“数字孪生城市”，明确指出要同步规划、建设现实城市和虚拟的数字城市。下一节将专题介绍。

七、在智慧医疗中应用

随着近几年人工智能及大数据技术的飞速发展，诸多领域借助相关技术取得重大突破，AI 技术正在逐步走进医疗领域。其中，AI 辅助医疗决策是一个研究的热点，其主要应用是通过大数据、机器学习和自然语言处理等智能技术，学习医疗知识，挖掘病历数据，分析医学影像等，从而帮助医生诊断疾病，为患者治疗方案的确定提供依据并推荐治疗方案。虽然已有的智能决策系统已经取得了一定的成果，但是在实际应用中仍然存在以下一些问题。

①现有的智能诊疗系统过多需要医生参与，不利于医生诊疗效率的提高；

②现有的智能诊疗系统覆盖医疗领域不够全面，对专科医生的意义不大；

③对于慢性疾病的诊疗，需要对患者身体进行长期的监测和管理，现有智能诊疗系统大多只限于医院门诊中。

数字孪生医疗系统包含资源层、感知层、虚拟资源层、中间件层、服务层及用户接口层。其中，资源层包含与患者相关的软硬件资源及历史数据等；感知层用于实时采集和传输患者的身体状态数据；虚拟资源层基于数据虚拟化物理实体，包含虚拟的医疗资源、虚拟患者等；中间件层包含服务管理、数据管理、知识管理、仿真管理等功能；服务层基于底层的支持提供用户所需的服务，如用药支持等；用户接口层提供给用户数字孪生医疗系统的可视化和管理功能界面。基于数字孪生医疗系统，医护人员可以通过各类实时感知数据精准分析患者的病况，在虚拟患者身上预演不同的治疗方案，降低手术风险。未来，可能每个人从出生开始就会有自己的数字孪生，它可以帮助人们及时了解自己的健康状况，调整饮食和作息。

八、在智能电网中的应用

智能电网数字孪生具有 3 个关键的技术环节，即对实物系统的量测感知、数字空间建模、仿真分析决策，而以上环节又离不开云计算环境的支撑。首先，实时量测是对智能电网物理实体进行分析控制的前提，量测的对象包括能量系统和辅助调控系统。为此，需要在实体系统中布置众多传感器，并且还需解决与数据量测、传输、处理、存储、搜索相关的一系列技术问题。其次，在数字空间中对智能电网进行建模需要同时对能量系统和辅助调控系统建立相应的模型，在数字空间中后者对前者进行调控，前者的仿真结果用来验证后者的有效性。需要强调的是，智能电网模型的形式并不仅仅局限于描述实体对象物理规律的数学方程，也可以包括基于量测数据构建的统计相关性模型。最后，仿真分析决策环节先对数字空间的智能电网进行优化计算，然后通过仿真验证决策的合理性和有效性，再对数字智能电网进行多场景、多假设的沙盘推演，最终得到合理决策指令并下发至实体系统。

云计算环境是连接实物系统和数字空间的桥梁。在云计算环境中，可以利用已经掌握的智能电网物理规律和传感器量测数据，借助大数据分析和高性能仿真技术，实现对智能电网的数字建模和仿真模拟，计算结果可实时反馈至物理系统，传感器数据同样可实时传递给数字镜像以实现同步。之所以要利用云计算技术构建智能电网的数字孪生，主要有以下几个方面的考虑：云计算环境基于网络可扩展性强；云端的 IT 资源丰富；智能电网参与者众多，各参与方可以通过自助的方式获得所需 IT 资源，便于众多参与者贡献或者共享资源，共同打造智能电网数字孪生的生态圈。

智能电网数字镜像的三大技术环节相互依存，循环往复，彼此之间的数据流、信息流的双向互动贯穿智能电网的全生命周期，体现了数字孪生的可互动性。

随着智能电网中电力电子器件、直流输电线路及新能源发电的不断接入，电网的动态特性日趋复杂，而数字孪生技术为智能电网的分析、洞察与调控提供了新的解决方案。作为智能电网数字孪生的先行者，清华大学研究团队研发的 CloudPSS 平台无论是为智能电网提供交直流混联电网分析业务支撑，还是为其提供新能源电站精细化建模和仿真方案，都凭借其高效性、可靠性、安全性展现出巨大的应用潜力和广阔发展空间。我们有理由相信，CloudPSS 平台及其代表的数字孪生技术将为未来智能电网研究提供更大、更新、更快的试验平台，也将在中国智能电网的快速发展中发挥不可替代的作用。

九、在安全健康监测领域中的应用

安全健康监测领域的数字孪生是指在整个生命周期中，通过软件定义，在数字虚体空间中所构建的虚拟事物的数字模型，形成了与物理实体空间中的现实事物所对应的在形、态、行为和质地上都相像的虚实精确映射关系。

数字孪生系统起源于智能制造领域，随着人工智能与传感器技术的发展，在更复杂、更多样的社区管理领域，同样可以发挥巨大作用。这里介绍的案例是以社区应用为目的的数字孪生，通过视觉传感器、人工智能芯片、深度学习算法及 3D 建模软件实现了社区内老年人日常行为活动姿态、健康风险情况的监测与预警，能够全面关爱老年人健康，降低服务成本，提高养老服务质量，降低老年人风险隐患，实现社区的智能化精细化管理。

该数字孪生系统包含 4 个核心要素：关联数据、数字模型、实时监测与智能分析。其目的是基于物理实体，构建一个数字替身，实现基于数据的社区内老年人安全与健康监测，实现科技服务于人的核心。

数字孪生系统通过传感器采集数据，完成数据的精准映射，数字重建老年人生活场景及状态，不泄露隐私，对老年人可能出现安全与健康风险实现报警与预警。本系统已在上海市虹口区天宝养老院进行了试点运行，初步验证了系统的可靠性与稳定性，尤其是对失智老人的护理作用极大。系统可实现 7×24 小时智能监测，对老年人尤其是失智老人的走失、跌倒、疾病突发等风险实现实时响应，很大程度上降低了养老服务人员的人力投入，提高养老护理质量。

除上述领域外，数字孪生技术在卫星／空间通信网络、石油天然气、能源、农业、建筑、环境保护、军事作战等领域均有应用潜力。例如，对石油勘探的远程管理，对电厂的健康管理和电网的规划运营维护，对农作物和家畜的健康监护等。

第四节　数字孪生开启城市数字化转型新篇章

一、数字孪生城市概念形成

2018 年，《河北雄安新区规划纲要》提出，“坚持数字城市与现实城市同步规划、同步建设”，数字孪生城市的概念在行业内崭露头角。2018 年，中国信息通信研究院联合各产业参与方，连续两年发布《数字孪生城市研究报告》，对数字孪生城市进行了深入描述，在行业内产生广泛共鸣。

数字孪生城市在物理世界和数字空间世界之间建立准实时联系，实现物理城市世界和数字城市世界的互联、互通、互操作。这种在数字空间以无限数据资源替代有限城市物理资源的方法为城市发展提供了崭新的方法论，使城市建设和管理在数据空间内“模拟择优”“零成本试错”，为城市管理提供了崭新手段。

二、数字孪生城市是新型智慧城市建设的高级阶段

2016 年，发展改革委在《关于组织开展新型智慧城市评价工作务实推动新

型智慧城市健康快速发展的通知》中提出：新型智慧城市是全面推进新一代信息通信技术与新型城镇化发展战略深度融合，提高城市治理能力现代化水平，实现城市可持续发展的新路径、新模式、新形态。

新型智慧城市的各类系统平台产生了大量数据，这些数据来源多样、分布广泛、结构迥异，跨部门的数据互通实现了“数据多跑路、百姓少跑腿”。相比新型智慧城市，数字孪生城市有精准映射、虚实交互、软件定义、智能干预4个特点。

数字孪生城市的数据基础来自新型智慧城市建设成果，如城市时空大数据平台、城市数据交换共享平台等；数字孪生城市中精准映射、虚实交互需要借助5G、AI、AR/VR、物联网等新技术；软件定义和智能干预为城市建设提供新理念（图18-3）。由此可见，新型智慧城市建设为数字孪生城市打下了坚实基础，数字孪生城市是新型智慧城市建设的高级阶段，将开启城市数字化转型新篇章。

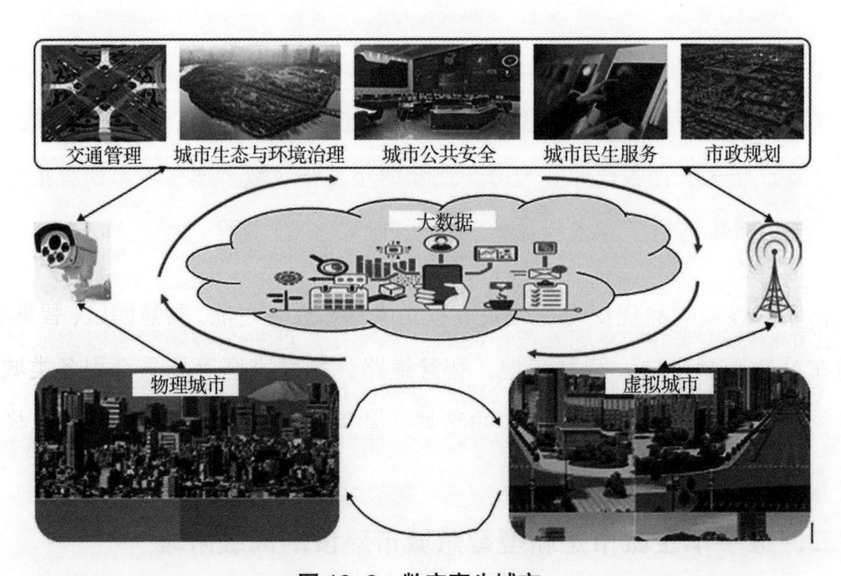

图18-3 数字孪生城市

三、数字孪生城市整体架构

数字孪生城市整体架构包含城市泛在感知层、孪生城市支撑层、孪生城市平台层、孪生城市应用层和孪生城市规划层，结构如图 18–4 所示。

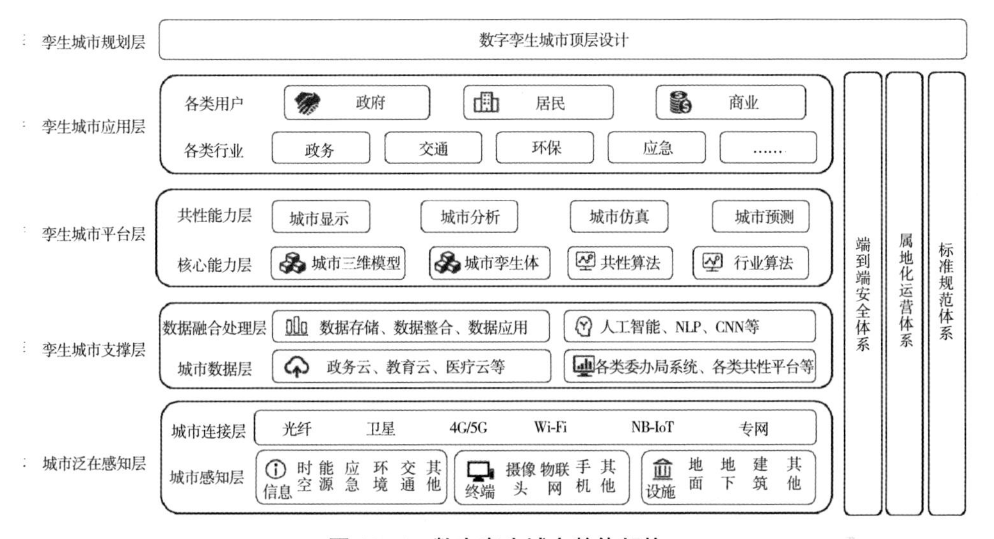

图 18–4　数字孪生城市整体架构

1. 城市泛在感知层

城市泛在感知层包含城市感知层和城市连接层。

城市感知层的颗粒度决定了城市孪生体的精细度。随着芯片技术的发展，各类物联网终端的涌现使得物理城市被立体感知成为可能。智慧园区、智慧小区、智慧车站、智慧港口、智慧工地、智慧道路、智慧家庭等场景牵引各类城市基础设施向智能化升级。越来越多的路灯、井盖、消防栓、视频监控、电梯等设备通过物联网接入各类系统平台；城市内空气质量监测、施工场地扬尘扩散监测、街道噪声监测、卡口车流量／人流量监测等数据被感知采集；家庭中燃气表、电表、水表、电视、空调等设备开始联网。

城市连接层的成本、速度、带宽等指标决定了城市孪生体应用的新鲜度。

NB-IoT 网络在城市中覆盖，城市各类传感器 / 执行器设备可在无源情况下长时间工作。随着 5G 网络的覆盖，单位面积内物联网终端的连接密度可提升上百倍。物联网终端和业务开展成本下降明显，城市中“万物互联、万物生数”时代来临。

2. 孪生城市支撑层

孪生城市支撑层包含城市数据层和数据融合处理层。

城市数据层中数据的丰富程度决定了孪生服务的丰富程度。城市数据层数据来自各类云计算平台和各个委办局业务系统，数据中台系统也可为城市数据层提供数据源。不同主题的数据源决定了孪生服务的不同主题，数字孪生城市是一个持续运营的过程，数据的积累随着运营的深入而丰富。

数据融合处理层主要运用大数据和人工智能等技术对数据进行处理，随着计算机软硬件性能提升，借助大数据、人工智能技术使得“数生万物”成为可能，数据融合处理层为孪生城市平台提供直接的分析、仿真等能力。

3. 孪生城市平台层

孪生城市平台层主要包含核心能力层和共性能力层。

城市孪生体是数字孪生城市的核心，具有现实中物理城市的等效性。城市孪生体基于三维城市模型，按照不同行业或不同服务粒度分为不同的城市孪生对象，并把孪生对象集有序组合。各类孪生对象的属性、方法与现实中城市各类元素一一对应，孪生对象的属性、状态等参数来自城市数据层，并通过数据融合处理层同步机制保持数据更新。共性算法模型和行业算法模型实现不同孪生对象之间各类属性和状态的组合运算。

共性能力层包含城市显示、城市分析、城市仿真和城市预测。城市显示对城市三维模型直观呈现，并可按照各类城市孪生对象分类实现在三维模型查找、定位、叠加各类数据传感器 / 视频等数据显示等功能；城市分析是按照不同规则对城市孪生体中各类孪生对象实现关联、组合、主题分析等功能；城市仿真和城市预测是基于各类数据，按照不同的算法模型对数字孪生体中各类孪生对象进行仿真处理，模拟物理城市在各类环节变量情况下可能产生的变化。

4. 孪生城市应用层

孪生城市应用层包含各类行业和各类用户。

各类行业指数字孪生城市在政务、交通、环境、应急等行业均有广泛应用场景。政务行业中，城市安全、应急、规划管理均可在数字孪生城市先行先试。交通行业中，可根据道路实时流量、违法停车、交通信号灯、视频等数据在城市孪生体内结合交通行业特定模型，实现城市路网、红绿灯信号、停车场／位优化，提升城市路网效率和市民出行体验。环保行业中，基于城市污染源数据和三维城市模型数据，模拟在不同光照、风速等参数下污染源在城市孪生体内的影响范围。

各类用户指数字孪生城市服务的各参与方，包含政府、居民和各类商业组织。政府类用户通过数字孪生城市各类应用可实现城市规建管一体化、实时了解城市运行状态、实现城市精细化运营管理等功能，为政策制定、服务提供和各类决策提供更为精准的依据。居民可在数字孪生城市中发挥个体创造力，运用各类数据实现城市协同创造。各类商业组织可基于数字孪生城市开展针对性的商业分析，进一步提升商业服务水平。

5. 孪生城市规划层

数字孪生城市是新型智慧城市建设的高级阶段，按照分级分类建设新型智慧城市要求。数字孪生城市建设不但和城市级别、类别有关，也和城市范围内数据积累关系密切。顶层规划设计应基于新型智慧城市和各类信息系统建设成果，聚焦城市中的共性问题，并结合不同人口规模、不同类型城市面临的个性问题，定义针对性的城市支撑层功能和城市应用层场景。

不同于传统信息化项目重建设轻运营、重流程轻数据的情况，数字孪生城市建设是一个循序渐进的过程，更强调数据资产的汇聚、管理和运营。顶层规划除了对业务整体进行规划外，还需要对业务运营体系、端到端安全体系、标准规范体系等内容进行规划设计。

四、数字孪生城市创新应用

1. 在政务上的应用

政府规划建设城市各类公共服务设施之前先在城市孪生体内进行仿真建设，模拟各类建设方案在三维城市模型内布局是否合理，各类设施与人口、环境等资源之间匹配是否合适，得出最优建设方案，使物理城市一次性建设即达最佳效果。

政府在推进城市治理、提升治理能力现代化方面，已建立了各类网格化服务体系。网格服务体系和数字孪生城市结合，在数字孪生城市内完善各类标准地址库、标准建筑物编码与实有人口、实有房屋、实有单位、实有设施，实现“四标四实”并将部分数据面向社会开放，将为社会提供准确直观的标准地址信息服务。

2. 在环境治理中的应用

在数字孪生城市内基于城市地形、建筑等数据，结合风向等环境数据和算法，实现城市风道最佳规划，降低城市热岛效应。

在数字孪生城市内模拟各类建筑物对自然光照的遮挡，使城市道路照明设计更具针对性；分析各类建筑物顶层对自然光照的接收，规划城市太阳能面板等绿色设施的安放，模拟计算发电量，为“绿色城市”建设提供高可靠的依据。

3. 在应急处置中的应用

在数字孪生城市中通过井盖、排水管道、河道流量等数据采集联网，结合城市地表数据使用一系列的行业模型组合，可模拟城市在遭遇大规模降雨时实现城市范围内的“联排联调”，对城市给排水系统优化提供直接参考。

城市在应对火灾时，可根据不同商业建筑 BIM 模型，通过商业大楼内承载人员数量、火灾蔓延速度和逃生通道容量规划最佳逃生路线。还可通过消防栓、烟感传感器、视频等设备联网为消防救援提供最佳指引。

在应对危化品泄露时，可仿真某存储危化品的工厂发生有害气体泄露，根据空气扩散模型计算受影响的城市范围，并计算疏散路径。

在应对疫情扩散时，可仿真病毒携带人员在城市内行动轨迹，根据病毒扩散与传播控制模型，计算可能受到影响的城市范围，对隔离方案进行精准指导。

上述场景并不是数字孪生城市应用的全部场景，随着数字孪生城市的成熟和发展，新的场景将不断涌现。

第十九章 ◉◉◉◉

未来的“电子管家”服务

所谓的“电子管家”是未来的一种基于物联网的社区服务形态，是一种理想的生活方式，让人们全身心投入工作，把家里的一切事情交给“电子管家”，这其实是放大了管家的能力，降低了服务费用，让普通老百姓也能享受管家服务。

第一节 什么是“电子管家”服务

“电子管家”是国家科技支撑计划课题“物联网社区服务集成方案研究”过程中提出的物联网为民服务的理念，并注册的商标。其含义包括以下两个方面。

一是依托电子产品、信息化手段为百姓当管家。通过信息化手段和电子产品放大社区服务能力，降低服务费用，提升服务品质，使百姓能够享受到优质的“管家服务”。其中的电子产品包括但不限于智能手机、机器人、电视机顶盒等，信息化手段包括但不限于物联网、互联网、移动互联网、云计算、大数据和人工智能。其目标是在网络空间实现为百姓做“保镖、保姆、保健医”(图 19–1) 。

二是随着信息社区快速到来，家庭、社区中充斥着大量的电子产品和信息系统，如监控摄像机、智能家居、智能手机、手环、机顶盒、血压仪、血糖仪、门禁对讲等。这些产品需要日常维护、维修，也需要经常教授人们使用方法。因此，也需要“电子管家”来管理和维护这些设备和系统。我们目前遇到电子产品的问题，往往求助于电脑维修，但是存在维修时间长、费用高的问题。

图 19-1　散布在社区内的“电子管家社区门店”

第二节　我们日常生活中的“电子管家”

一、“吃”的方面

侧重大宗饮食的端到端配送，建立种养殖基地与社区对接，能够比市场上的同类产品便宜 20%，同时可以返利 10% 左右。

二、“住”的方面

主要是社区安全和居住环境的舒适性。社区安全服务，采用门禁系统和全天候摄像机，能够保证居民财产和人身的安全，财产不被盗，人身不受到伤害。而一旦发生意外，对财产和人身伤害给予赔偿。在居住环境的舒适性方面，为居民引进智能家居中的环境探测和环境治理服务，如提供空气净化器和新风系统的上门服务，在小环境下治理雾霾（图 19–2）。

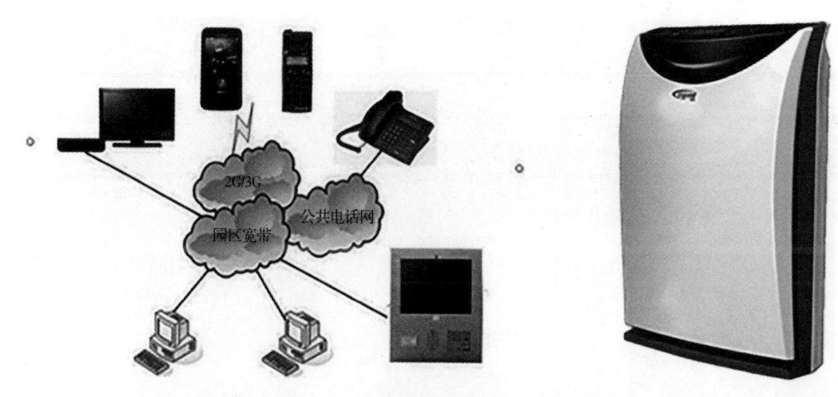

图 19–2 门禁系统和空气净化服务设备

三、“行”的方面

在试点区域建立错时停车系统、自动停车系统。错时停车系统可以将上下班时间的空余车位面向社区出租，解决停车难的问题，增加车位业主的收入。自动停车系统是利用 GAV 机器人完成自动停车，车主不需要停车到位，只要到车库指定地点锁车走人，就有机器人把车托走，放入车位（图 19–3）。这些做法增加了停车车位，提高了停车效率，避免了车主找不到车的情况发生。

另外，社区的应急服务也作为“生”的重点。采用在社区建立 7×24 小时值守的方式为社区居民和政府提供社区应急服务和居家应急服务。当发生重大灾情和需要应急处置的情况时，能够按照应急预案及时联络政府及相关单位，向辖区居民发布避险通报；当居民个人求助时，根据预先制定的个人应急处置预案联络亲属，或者联络送医送药等。应急值守中心所采用的应急一体机如图 19–4 所示。

图 19-3　大型商业的自动停车机器人
（来源：https://www.sohu.com/a/78487343_349651）

图 19-4　应急值守一体机

第三节　社区健康管家——不生病的智慧

社区健康服务可为参与健康保障计划的社区居民提供无创健康检测、健康评估、健康预报和健康干预，做到不生病和少生病，一旦生病则免费提供就医服务。

无创健康检测采用宇航医学技术的 AMP 设备，能够在 5 分钟之内完成 125 项血液指标的检测，与采血检测相比较准确率为 91%，且无创、快速、低成本，适合作为社区健康筛查的手段。在此基础上，基于血液大数据进行健康评估，给出健康报告；基于健康报告和以往的数据，可以做出健康预报，预报未来一年内可能出现的疾病风险。设备和评估报告如图 19–5 所示，搭载 AMP 设备的社区服务智慧方舱如图 19–6 所示。

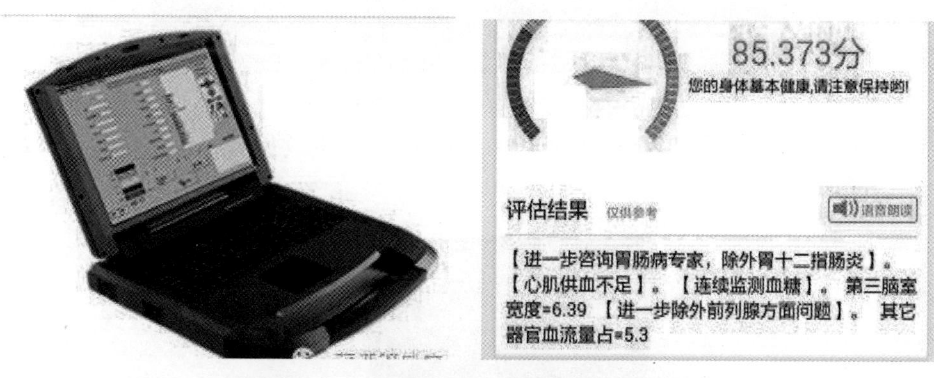

图 19–5 航天医学无创血液检测 AMP 设备

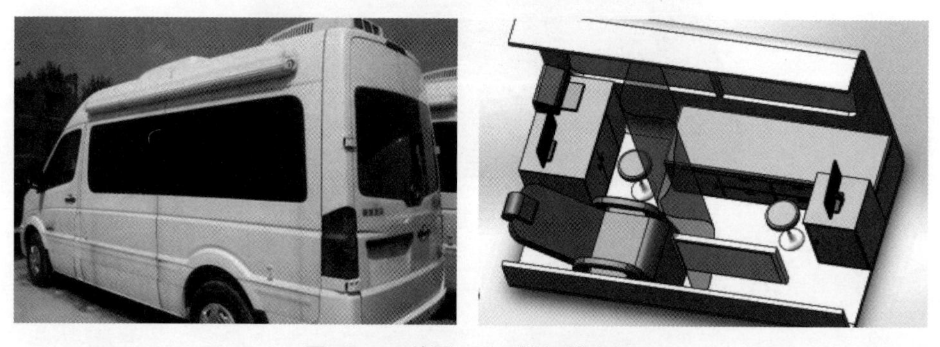

图 19–6 放置 AMP 的智慧方舱

健康干预的方法是引入物联网中医院，使居民在社区内就可以享受到中医院的入院服务，延伸了医院的服务半径。

第四节　家庭养老好助手——家庭机器人

用于家庭养老的机器人由3个部分构成：装有高清移动摄像头的头部、集成专业处理系统的机身及充电座。系统内置语音语义转换和翻译装置，可以将老年人的需求翻译为语义，发送到后台，由后台服务人员进行快速处理，而机器人可以与老年人无障碍聊天。机身还内置烟雾传感器、煤气泄漏传感器等，一旦设备报警，便会主动拍照并通过微信及邮件的方式向社区管家发送警报。机器人配备有低电量自动回充技术，低电量时，会自主回到充电座进行充电。

未来的养老机器人还特别设置了老人跌倒传感器接收系统。跌倒传感器是佩戴在老人身上的，可以根据需要配多个，传感器的信号和机器人是相互联系的，一旦有信号传出被获取，它就会通过短信向管家发出报警信号。从传感器识别跌倒至发出警报有10秒钟的间隔，以判别老人是否是真的跌倒，是否可以爬起来。社区管家能够通过手机、平板电脑、计算机等网络设备远程操作机器人的摄像功能，了解情况并采取救援。

作为居家养老使用的还有一款智能助行机器人，除了具有普通电动轮椅车的代步功能外，还能帮助老人起坐。持续按动右手电子控制屏的“起身”按钮，随着椅垫的角度逐渐垂直完成站立动作。更特别的是，选择康复模式后，座椅下方的两段机械按摩臂就会紧贴腿部上下运动，进行按摩刺激。

随着科技水平的提高，特别是人工智能的发展，养老机器人的功能会越来越完善，将涉及养老服务的方方面面。在不久的将来，相信养老机器人会代替人工劳动力，成为提供养老服务的主力。

居家养老和长期照护是养老服务的核心内容。其中，居家养老的最基础工作是提供紧急求助服务。对于参与居家养老计划的老年人，不论遇到什么情况，都可以通过电话、呼叫按钮呼叫到管家，保证5分钟上门服务，超过时间则赔偿。因为有社区安全系统作为入户的安全保障和数据支撑，这项工作得以实现。长期照护采取管家定时上门服务和“电子管家”机器人照护相结合的方式开展。

管家上门服务将根据社区健康服务的评估报告提供饮食服务，并根据老年人的个体情况提供亲情关怀。“电子管家”则提供娱乐、安全、音视频互动等多种服务，并且可以根据个人行为逐步适应主人的习惯，提供更加贴心的服务。“电子管家”如图 19-7 所示。

图 19-7 “电子管家”机器人

第二十章

智慧园区建设中的智联网应用

随着工业化进程的推进，产业园以其独特的形态和功能越来越受到业界关注。在产业园的建设中，园区开发方致力于为业主提供环境和谐、配套完善、建筑优美、功能齐全、服务周到的高品质生活和工作空间。所以在规划、设计层面，采用新型智慧城市、智慧园区的综合思想，充分利用智联网的技术体系，遵循“提升新思路、树立新标杆、驱动新模式、区域新智慧”的战略定位，强调依托大数据的全生命周期服务，为城市、园区的新型智慧化提供高质量创新与价值展现。本章以未来郑州亿达科技新城的智慧园区建设作为案例，全景展现智慧园区中智联网的应用。

第一节　建设内容

智慧园区建设的目的一是为企业服务，二是为企业人服务，利用的就是大数据技术、物联网技术、人工智能技术等。未来的亿达智慧园区由 4 个部分组成，即：

① Smart-FM（智慧设施管理平台）；

② DDS（数据驱动服务平台）；

③ IBMS（集成一体化建筑管理平台）；

④ EHK（电子管家服务平台）。

总体规划如图 20–1 所示。

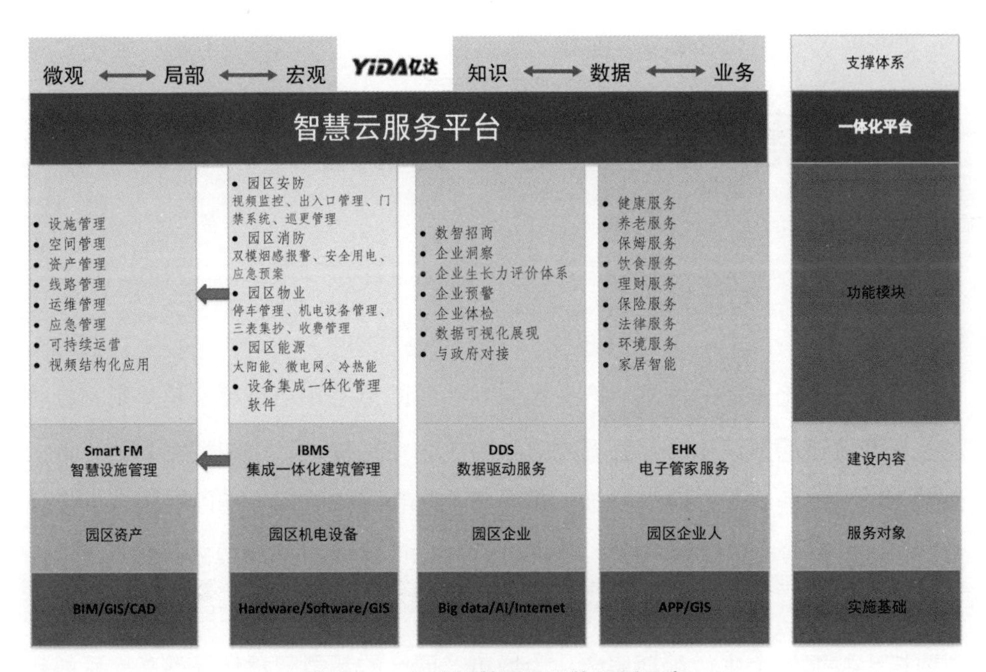

图 20–1　亿达智慧园区总体规划示意

实施基础是大数据、GIS、5G、建筑信息系统（BIM）等。其中，IBMS 在现实应用中已经比较成熟，可以支撑智慧设施管理和数据驱动服务业务模块。电子管家部分与智慧社区类似，强调了理财和法律服务等业务。

一、Smart-FM（智慧设施管理平台）

Smart-FM（智慧设施管理平台）以云平台软件工程和服务为主，以 BIM 和 GIS 为基础，贯穿智慧园区建设始终，并且在未来运维中会发挥明显的效果。其包含的功能有设施管理、空间管理、资产管理、线路管理、运维管理、应急管理、可持续运营和视频结构化应用等。

通过实施Smart-FM，在园区管理上省时省力，效益上省钱省人，运营上省地省物，安全上省身省心，可以实现平均17%的节约效益，实现“全设施、全空间、全资产、全运维、全服务”全生命周期多维度“智慧设施云”。

二、DDS（数据驱动服务平台）

DDS（数据驱动服务平台）是大数据和人工智能的服务，基于园区自产数据、运营商可共享数据、政府可共享数据和海量商业数据资源，实现了区域产业发展的全景式展现和智能化的辅助决策，提供数智招商、企业洞察、产业智能服务等特色应用，凝练出具有重大决策参考意义的“企业生长力指数”，输出对企业科学有效精准的体检报告，最终通过大数据＋产业服务主动精准引导企业良性发展，形成“找、引、育、服、投”5个环节的企业全生命周期价值闭环。提升地方产业聚合能力，构建可持续发展的产业生态圈。功能模块包括数智招商、企业洞察、企业生长力评价体系、企业预警、企业体检、数据可视化展现和与政府对接等。

三、IBMS（集成一体化建筑管理平台）

IBMS（集成一体化建筑管理平台）由硬件和软件组成，以服务建筑和机电设备为主要目标。这部分物联网应用系统较为成熟，可选产品和系统较多，重点在于集成一体化平台的定制开发。尤其是能源管理部分将是研发的重点，能够有效节能降耗。

系统功能包括：

①园区安防：视频监控、出入口管理、门禁系统、电梯安全管理、巡更管理；

②园区消防：双模烟感报警、安全用电、应急预案；

③园区物业：停车管理、机电设备管理、三表集抄、收费管理、电梯安全运维；

④园区能源：太阳能、微电网、冷热能；

⑤设备集成一体化管理软件：各个子系统的联动功能。

智能建筑和智能园区的设施设备建设，提高了建筑物和建筑群的智能化程度，保障了园区的安全，提升了物业管理水平，并为今后的深度服务打下坚实的基础。如果与集团建立 VPN 网络通道，则实现远程维护和大数据共享。

四、EHK（电子管家服务平台）

EHK（电子管家服务平台）针对园区企业人提供对结果负责的管家服务。功能模块包括健康服务、养老服务、保姆服务、饮食服务、理财服务、保险服务、法律服务、环境服务和家居智能等，会成为园区服务于企业人的价值增长点。

第二节　服务内容

依托智联网支撑的智慧园区服务内容归结为以下 5 个视角。

一、从为企业服务的角度

①银企对接的数据服务：数据驱动服务平台（DDS）为入园企业提供银行接口，企业信用升级，不再为贷款发愁。

②信息安全保障：依托高校技术建立的信息安全保障手段，如 IPv9、数据加密、软 UK 授权、基于互联网的 VPN 通道等，为企业提供内部的数据安全，保护企业的知识产权。所有知识产权数据离开企业信息安全体系后将无法解密和使用。

③能源管理服务：FM 平台的能源管家能为企业提供能源管理和节能服务，对园区的能源消耗及能源供给进行合理规划，提升能效，节省能源。

④数据驱动服务（DDS）：可以为企业提供全生命周期的服务，为企业做知识产权指数、贷款指数、投资指数、法律体系指数、经营风险指数、人才供

需指数、政策申报指数等七大板块的企业健康体检报告，最终基于数据分析精准定位企业短板，为企业发展提供数据支撑。

⑤多模式门禁管理：为入园企业提供多模式门禁，第一种模式为 NFC，打开手机的 NFC 功能，扫码手机通过人行通道；第二种模式为光子门禁，打开园区 APP，将摄像头对准扫码器即可通过人行通道；第三种模式为面部特征识别，面部对准摄像头即可通过人行通道。

⑥优异的访客系统：为入园企业的访客提供便捷的访客服务。对于驾车访客，向接待人员报车牌号即可预约进入园区，并可预订车位，离开园区时，可以由接待单位支付停车费，实现不停车通行；对于步行访客，提前预约获得二维码，扫码通过人行通道，或者发送自拍给接待人员，通过面部识别通过人行通道。

⑦考勤服务：对于中小型企业提供园区视频结构化分析结果，提供园区智慧服务平台，可以实现企业考勤服务，分析员工工作作息行为。

⑧便捷的自助会议系统：为入园中小型企业提供现代化的自助会议服务，包括会议室网上预约和付费、自动会议室门牌、会议扫码签到、一键启动会议系统、语音转语义、自动会议纪要、白板保存、音视频保存、多方会议讨论、一键退出等。

二、从为企业人服务的角度

①全天候视频监控保安全：采用宽光谱摄像机，保证在夜间、雾天和烟雾中都能清晰成像，全天候监控园区安全情况。

②电梯安全保障：电梯运行状态实时监控，故障分析预报，及时维护；发生紧急情况呼叫中心时，中心值班人员在通话的同时可以看到业主在轿厢内的情况；轿厢内外人员在呼梯时联动摄像机，在显示屏上可以看到对方的情况，提前有心理准备，避免宠物、特殊物体突然出现而造成的尴尬。

③地下停车场的报警求助：为了克服地下停车场手机信号不好、遇事无法

求助的情况，在地下停车场安装了很多可视对讲主机，遇到求助时，按可视对讲按钮即接通值班员，值班员也同时看到报警者周边的情况，因为联动了地下停车场的视频监控。

④管家服务：采用“对结果负责的社区管家服务”，为业主提供包括健康、养老、家庭安全、放心食品、理财、法律等多项贴心服务。

⑤健康服务：采用航天医学的无创检测技术，不抽血就能够检测 125 项血液生化指标，为业主和企业人提供经常性的健康大数据监测，为健康服务和未病干预提供依据。

⑥家居智能：在公寓区提供“智汇客厅”，用语音控制机顶盒、控制电视机换频道、控制客厅空调开启和调温、控制灯光和窗帘等；厨房安装有烟感报警器，床头和卫生间安装有紧急求助拉绳开关，遇有紧急情况园区管家会及时上门。

三、从为园区提供高效物业管理的角度

①反向寻车服务：在地下停车场，打开园区 APP，利用蓝牙定位功能实现停车定位。返回停车场时，即可实现反向寻车。

②车位即时通告：利用视频结构化处理结果，实时通过显示屏通告车位情况，并为进入车辆做方向指示。

③访客车辆预约：接待人员通过园区办公终端软件或者园区 APP 进行访客车辆预约，也可以预定车位。访客离场时，接待人员选择访客自付或者接待方代付停车费的方式。

④巡更管理：巡更人员按时上岗，上岗人员情况通过视频结构化数据分析比对进行确认。巡更路线由蓝牙定位（蓝牙烟感报警器）描迹，在园区 APP 和值班中心同时显示。

⑤防消结合的消防系统：是智慧消防系统的具体体现。依托双模可定位的烟感报警器，可为业主提供疏散 APP、双向疏散指示牌和准确指示的应急预案广播语音，使业主们的安全得到全方位的保障。

四、从为集团统筹管理的角度

①大数据接口：从亿达中国集团管理统筹的角度，未来的郑州亿达科技新城将提供大数据接口，对接集团的各个管理系统和各个部门，为集团的统管提供数据支撑。

②基于互联网的VPN：采用IPv9技术与集团之间建立基于互联网的VPN通道，实现大数据的加密传输和认证。也可以实现集团对于郑州亿达科技新城园区设备的远动远控（如果认为需要的话）。

五、从为政府树立榜样的角度

①大数据可视化展示：FM平台、DDS平台和IBMS平台构建了大数据可视化的展现，适合政府部门对于智慧城市的理解。亿达科技新城园区管理将作为孪生技术智慧城市管理的缩影。

②机器人应用展示：为了配合智能制造产业的技术展示，在展示区试用机器人扫地、巡更、快递投送、货物配送等。

③无人泊车展示：为了配合智能制造产业的技术展示，在展示区建设物流机器人（AGV）的自动泊车系统，让用户体验未来科技。

④可见光通信展示：可见光通信是河南省四大重点发展产业，因此，园区在展示区和办公区部分展示可见光通信的技术成果，包括智慧党建、虚拟图书馆、智慧货柜机、虚拟培训课题、光通信投影仪等。

第三节　科技元素展现内容

一、园区的无人服务项目体验

园区建设蓝牙、超宽带等定位系统，为园区的无人服务项目提供定位支持。

无人服务项目包括但不限于快递送达、道路清扫、园区无人机安保巡逻。

二、以可见光通信导入的服务体验

部分区域的照明灯光采用可见光通信 LED，实现多媒体广告与手机联动、商业主动推送、小超市自动结算等功能，还可以实现党建教育、文化传播、影视导引等功能，实现文化的展现。

三、数字孪生技术展现与体验

数字孪生将一个大型园区在没有建造之前就完成数字化模型，从而在虚拟的赛博空间中对园区进行仿真和模拟，并将真实参数传给实际的园区建设。而园区建成之后，在日常的运维中二者继续进行信息交互。

依托郑州亿达科技新城的智慧化、智能化建设成本，基于智慧的设施平台，为园区提供动态模型和仿真，为集团及国家提供数字孪生实例。

四、智慧园区互动展现

互动展现层涉及园区流媒体服务系统、园区服务中心、园区管家中心、音视频会议系统、音视频互动服务平台、园区商务服务平台、园区商务管理平台等系统的互动展现，还包括政府回购区的智慧化展厅。涉及的终端包括管理中心大屏、园区大屏、VR&AR、会议大屏、智能手机、电视终端、电脑终端等。

系统需要支持 Android、iPhone、Linux、WEB 平台，具有跨平台特性，嵌入式硬件设备（ARM 平台）与 Internet 上的 Windows 平台可实现语音、视频的交互。可以支持 Windows、Unix、Linux（x86）、Linux（ARM）及 Windows Mobile 平台。

第二十一章

生物识别的广泛应用

随着科学技术的发展，生物识别技术越来越受到重视，利用人体固有的生理特性（如指纹、脸相、虹膜等）进行识别的技术已经屡见不鲜，利用行为特征（如笔迹、声音、步态等）来进行个人身份鉴定的技术也逐渐成熟。

第一节　声纹识别与应用

一、声纹识别概况

声纹是指用电声学仪器显示的携带语音信息的声波频谱，包含说话人生理、心理及行为特征的语音参数。人类说话或发声是通过语言中枢和发声器官相结合的生物、物理的复杂过程，人们在说话时会用到舌头、喉头、鼻腔、肺等发声器官，发声器官和声道个体间的差异性很大，这些为先天性的差异。个体的发音习惯、身体健康状况也存在很大差异，这些为后天性差异。说话人之间先天性和后天性的差异导致了每个人声波频谱的唯一性，利用这一特性，我们就能判别不同人的声音或判断是否是同一人的声音。

声纹识别技术就是基于这些信息来搜索人类身份的一种生物识别技术。根据实际应用范畴，可分为以下两类：

①声纹辨认：给定一个目标说话人集合，包含所有用户的语音特征序列，将待测语音从说话人集合的用户中辨认出来，从而鉴别出说话人，是一个“多选一”的选择问题。

②声纹确认：声纹确定是一个“一对一”的过程，即通过待测试的语音来鉴别确定是否来自其所声明的目标说话人。

根据实际应用场景，包括以下两类：

①说话人检测：即检测目标说话人是否在某段语音中出现。

②说话人追踪：即以时间为索引，实时检测每段语音所对应的说话人。

声纹识别与其他生物特征相比，具有一些特殊的优势：

①声纹提取简单、便捷，可在无声无息中完成，使用者接受度高；

②成本低廉，只需麦克风、声卡等设备即可进行声音信号的采集，无须像指纹、人脸、虹膜等识别技术需要昂贵的传感器或扫描设备；

③适合远程身份确认，只需通过手机、平板电脑或麦克风等就可以通过网络实现远程身份识别；

④相较于其他生物识别技术，声纹识别算法复杂度低；

⑤与语音识别技术相结合，可使声纹口令动态变化，能有效防止复制和剽窃，大幅提高系统安全性。同时，提供一种人机交互模式，并可构建具有声纹识别功能的分权限语音控制系统。

二、声纹识别在智能建筑中的应用

声纹识别作为一种重要的、具有广阔的发展应用前景及优势明显的生物识别技术，可极大地提高智能建筑的感知、判断、决策能力，应更广泛、更大规模地应用于智能建筑中。以下将结合智能建筑中的各种智能化子系统及声纹识别的特点，探讨声纹识别技术在智能建筑中的具体应用。

1. 在出入口控制系统中的应用

出入口控制系统应能根据建筑物的使用性能和安全防范的管理要求，对需要控制的各类出入口，按各种不同的通行对象及其准入级别，对其进、出实施控制与管理，并应具有报警功能。声纹识别属于出入口控制系统所规定的人体生物特征信息识别，符合并适用于出入口控制系统。现有的出入口控制系统通常采用智能卡、指纹、密码作为身份识别的方式，少部分项目会采用人脸、虹膜、掌纹识别方式。但以上方式均有不同程度的缺点。采用密码的方式则被他人盗用的隐患更大，只能用于安全级别要求不高的场所。常用的人脸、虹膜、掌纹、指纹等生物识别方式则存在系统造价高、采集设备昂贵等缺点，并且这些方式采集的是人体固有生理特征。声纹识别技术可解决现有身份验证方式存在的问题，可为系统增加新的功能及身份验证方式。声纹识别自然解决了携带不便问题，可防止冒充、伪造、盗用情况的发生，并且采集方便，造价低廉。同时，声纹识别属于行为特征，不涉及使用者隐私，易于接受。并且可根据项目的安全防范级别，结合语音识别技术，采用动态声纹口令方式，大幅提高系统的安全性。结合语音识别技术，可使出入口控制系统具备人机交互能力，可增加防尾随、防胁迫、自动报警等功能，如在紧急情况下，使用者可说出预定的语句，系统照常开门的同时自动发出报警，既保障了使用者的安全，又及时发出了报警。

2. 在访客管理系统中的应用

在新建写字楼项目中，为了提高物业的管理水平，增加大楼的安全性，提升用户的舒适度及便利性，提高使用效率，访客管理系统已经得到了广泛的应用。访客管理系统可完成访客预约管理、快速通道闸控制的功能。

（1）访客预约及管理

访客预约及管理一般是采用智能卡、二维码、条形码等作为身份验证的方式，以上方式通常会带来卡片、纸片回收问题，增加运营成本，而且效率及便利性较差，并且存在多人共用卡片、二维码或条形码的情况，不便于访客的登记和管理。声纹识别技术则可很好地解决以上问题，访客可提前远程预约并录入语音信息，系统完成声纹采集后，访客便可以在授权期内进入大楼。声纹识别的应用免除了临时卡、二维码、条形码的发放，提高了访客的便利性，提高了访客预约及管理系统的效率，并且杜绝了多人共用情况的发生。

(2) 快速通道闸控制

快速通道闸一般设置于写字楼首层大堂电梯厅出入口，对进出写字楼的人员进行管理和控制。根据使用者可划分为常驻员工、访客、临时员工、管理人员等。对于常驻员工、管理人员，系统可提前采集声纹信息并实时设置用户权限，当常驻员工、管理人员离职，可即刻取消相应的权限。对于临时员工、访客，可远程采集声纹信息并录入系统，授予相应时间段的权限。可提高管理者效率，提高使用者便利性。

3. 在建筑设备监控系统中的应用

声纹识别技术远程身份确认、与语音识别技术结合后的动态验证、提供人机交互能力的特殊优势，非常适用于建筑设备的智能控制，具体应用如下。

(1) 智能家居系统的控制

家庭成员录入声纹信息并设置好权限后，可通过智能手机、PAD、电脑等方式远程进行身份识别，并通过语音控制家里的电视、空调、洗衣机等电器设备，以及照明灯具、窗帘等各种设备的运行。

(2) 酒店宴会厅、会议室、总裁办公室的智能控制

酒店宴会厅、会议室、总裁办公室根据使用性质的不同，设备的控制可能需仅对部分人授权，声纹识别系统既满足身份验证，又提供便捷的人机交互方式，非常适用于该类应用。

(3) 办公建筑的智能控制

办公建筑的使用人员相对固定，人员行为习惯具有规律性，可采用声纹识别技术，通过设置于建筑内的拾音设备，使整个建筑成为一个具备语音感知能力的智能建筑。建立大楼的声纹识别系统，实时采集人员的声纹信息并分析人员的活动规律、工作作息等行为数据，并以这些数据为基础，优化建筑内的照明、

空调、送排风等系统，达到更加舒适、节能、高效的效果，使建筑成为真正具备“思考”能力的智能控制系统。

三、声纹识别在公共安全领域的应用

在公共安全领域，随着互联网的高速发展，新型犯罪手段层出不穷，非接触式、跨地域、大型组织、高度分工等特点，均是新型犯罪的主要特点。以最为典型的电信诈骗为例，犯罪团伙往往是多层级单线联系，跨省甚至跨国作案，与被害人零接触。这类案件靠传统的接触式侦查手段往往难以为继，需要更高实时性的技术手段予以支持，是对案件侦破工作提出的新挑战，也正是AI赋能下的声纹识别技术所擅长的领域。

在这种背景下，声纹识别在公共安全领域的应用特征与变化将会出现以下特点。

1. 由离线应用向在线实时应用转变

近年来，随着人工智能、深度学习、大数据分析等技术的发展，配合国家现有的指纹库和人脸库等成熟的生物特征库，业内已经逐步研发出不少切合实战需求的声纹应用系统。其主要的应用场景是为非接触性犯罪案件侦破提供高效准确的侦查手段——在电信诈骗、恐吓勒索等虚拟空间的犯罪案件里，犯罪分子与被害人接触会比较少，所以声音成为最主要的破案线索，这类场景需要将在特定场所采集的声音与涉诈骗人员库等专题库进行实时比对，以期及时发现身份可疑人员，提高侦查效能。

2. 由1对1验证向大规模数据比对转变

传统的声纹识别应用场景多为认定，即判断指定的声音是否由某个特定的人发出的，然而随着大数据、深度学习技术的发展，技术上已能支撑大体量声纹库的建立，并实现声纹数据的大规模检索与比对，协助公安机关快速确认所掌握的声音线索的身份。

3. 由单一声纹应用向多维数据碰撞比对转变

声纹识别的应用已为公安打击虚拟空间犯罪提供了一种行之有效的技术手段，可进一步配合已有的人脸识别、指纹识别等生物特征识别技术，将现实空间和虚拟空间相结合，更全面地刻画犯罪嫌疑人的全息画像，对犯罪行为进行多角度、多方位的监控和打击，保卫国家和社会的安全。

四、声纹识别在金融领域的应用

声纹识别技术在金融领域的典型应用主要有以下几类。

1. 身份认证

传统的“用户名 + 密码”的身份认证方式存在极大的安全隐患，为此，随着金融科技的发展，金融机构开始积极运用指纹识别、人脸识别、声纹识别等技术，以确保客户身份鉴别数据的唯一性和准确性。英国巴克莱银行是世界上第一个使用声音识别技术进行身份认定的金融机构，其于 2013 年 5 月宣布可以在 30 秒内通过一般谈话验证顾客身份。国内的微信和支付宝都允许用户创建声音锁用于身份验证，其中微信支持使用声音登录系统，支付宝支持使用声音保护账号安全。2018 年 12 月，浦发银行移动 APP 在银行业内率先推出声纹文本认证服务，采用全程人工智能语音交互的模式识别用户的声纹，验证成功后可作为密码登录系统。

2. 转账支付

近年来，在线支付、移动支付已成为人们购物的主要支付方式，然而，网银资金被恶意转出、第三方支付被盗刷等网络支付案件也不断发生。网络支付的安全性越来越受重视，在交易支付中添加指纹、声纹等识别技术，配合静态支付密码、动态短信密码、银行 U 盾等方式进行个人身份认证，可以有效提高交易账户资金的安全性。2008 年，专注于互联网支付系统的 Voice Commerce Group 推出了基于声纹识别的 Voice Pay 服务。在国内，2011 年，建设银行在电话银行系统中已使用声纹认证技术，之后又在手机银行中推广声纹支付和声纹转账功能。

3. 现金取款

现金取款业务一般要通过银行柜台、ATM 机办理，是银行客户排队的主力军。借助生物识别技术，银行可为客户提供更为方便快捷的自助取款服务。目前，建设银行不仅在 ATM 机推广刷脸取款业务，还率先在手机银行中实现声纹取款功能。客户在 ATM 机中使用声纹验证代替银行卡和密码验证，即可实现无卡取款。

五、声纹识别在军事上的应用

1. 对我方指挥员身份进行确认

运筹帷幄之中，决胜千里之外。在现代战场，不同层级的指挥员可能相隔几十公里到上千公里，不能以面对面的方式下达命令，如何保证发出指挥命令的说话人就是指挥员本人，是身份识别技术需要解决的问题。以声纹识别为代表的基于生物特征的身份识别技术，是在信息化的军事指挥行动中确认指挥员身份的有效方法。如果说话人声称自己是某个指挥员，那么他的声音就被用来验证这个过程。这时的身份验证是一对一的，首先从数据库中调用该指挥员的模型参数，然后与说话人的声音进行匹配计算，从而识别说活人是否是该指挥员。避免敌方间谍侵入我军指挥信息系统，发送假命令扰乱我军行动。在通信指挥网络中，声纹识别也常常用于防止入侵安全系统。许多核心涉密场所和设备，可以在普通的加密手段上，增加声纹识别功能，提供身份信息多重交叉验证，进一步增强系统的安全性。

2. 对敌方指挥员身份进行确认

声纹识别系统对敌方指挥员进行身份确认，主要用于电话侦听工作。以计算机为核心的电话侦听系统能够实时监听固定电话网络、移动电话网络和 IP 电话网络中特定对象的语音通信。通过声纹识别技术可以自动对大量的电话语音进行辨认，提取通话人的声纹特征，与目标人物的模型参数进行匹配，以此查询通话人身份。对重要人物的交谈内容进行记录和处理，搜集相关的军事情报。一旦判明说话人的身份，还可以结合全球定位技术，锁定目标人物，实施精确打击。确认敌方指挥员的身份，难点在于获取敌方指挥员的声纹特征，需要事先采集到目标人物的真实语音用于系统的训练过程。

第二节　步态识别与应用

一、技术概况

步态识别作为一种新兴的生物特征识别技术，主要基于人的走路姿态（提取的特征点还包括体型特征、肌肉力量特点、头型等识别要素）进行身份识别，具有非接触、远距离和不容易伪装等优点。

在步态识别研究领域，中美两国可以说是全球最早投入深度研究的国家。2000年，美国国防高级研究计划局资助了一个步态识别相关的研究项目；同年，中国科学院自动化研究所在国内成立团队，开始步态识别技术研究。

2019年，国内企业对外发布了步态识别互联系统——集步态识别算法、软件、硬件等于一体的安防智能互联解决方案。该系统依托于步态识别技术，集步态建库、步态识别、步态检索、大范围追踪等功能于一体，实现海量摄像机下步态识别的实时智能互联：支持上万路摄像机实时并发，海量历史视频与实时视频瞬间检索与定位，事前预警、事中报警和事后追踪，地图布控及地图轨迹追踪等。

前端解决方案：利用城市中现有的海量普通摄像机，可通过在前端安装步态抓拍盒子，完成摄像头前端步态特征的提取、存储和传输，极大降低数据存储与传输成本，有效提升现有摄像头的利用率。

后端解决方案：海量普通监控原始视频传输至中心机房后，可通过步态识别抓拍阵列处理器，快速完成对海量视频的步态特征提取、分析、存储、比对和预警。

步态识别的一些特性注定了其在应用领域的唯一性。相较于其他识别方式，步态识别的识别距离更远，普通高清摄像机下识别距离最远可达 50 米；属于非受控识别，无须识别对象主动配合；步态难以伪装，步态识别是一种全身识别技术，由体型、头型、肌肉力量特点、运动神经灵敏度、走路姿态等共同决定，局部变化并不会大幅影响识别结果。因此在某些领域，步态识别比图像识别更具优势。

二、行业应用

以公共安防领域为例，业内人士表示，传统安防具有事后查证、人工决策两个主要特征。传统安防系统能够对周围信息进行采集和存储，但是缺少主动分析。事故发生后，再由人工回溯录像，收集线索和证据。这种方式缺陷明显：无法预防风险点，无法防患于未然；信息回溯、分析和决策都需要大量的人工，成本较高。如何将这些视频进行结构化一直是公安系统的迫切需求。步态识别系统将使这些“僵尸”视频信息进行更加有效的利用，满足安防行业从“看得清”到“看得懂”，从“看视频”到“用视频”进行过渡的需求，为公共安防领域带来巨大变化。

多种识别模式协同配合，通过存量数据的结构化来提升视频信息利用效能，这已经成为安防领域大势所趋。步态识别远距离、全视角、无须配合等诸多独特优势，无疑将成为安防领域的刚需技术，可以弥补人脸识别、指纹识别的诸多不足。步态识别技术还可以有效完善防控网络，防范非法闯入，保障生产安全和经济利益；在社区、博物馆、体育场馆等场景中，步态识别也可以健全安保系统，提高安全等级。

除了安防领域，步态识别在医疗康养领域也有着广泛的应用前景，如老年人防跌倒系统。医疗机构将利用步态识别技术对老年人长期的步行姿态进行监测、分析、整理和评估，对比多时间、多状态下外界因素对步态产生的影响，计算出跌倒风险的阈值，对风险等级进行划分，从而提前采取预防措施，降低老人跌倒真实发生的概率。

未来的新产品如步态检索一体机，可以进行高速检索，可在一分钟内检索完毕；步态边缘计算机模组——独创的支持深度学习算法的嵌入式高性能 ARM 平台，支持外接摄像机进行视频流分析，可以实现完整的人体生物识别方案，可广泛应用于智能家居、智慧医疗、智能安防等诸多领域。

作为生物识别技术领域的后起之秀，步态识别技术的出现和发展完善了计算机视觉体系，将会为 AI 技术的发展和创新应用带来更多可能。

第三节　虹膜识别与应用

人眼虹膜是一个十分小的器官，在识别过程中首先要利用设备对虹膜图像进行获取，由于在外部光强、不同人种的虹膜区别等条件的影响下，获取虹膜图像是十分困难的。要想提高虹膜识别的准确度，必须获得高质量的虹膜图像，图像清楚、细节清晰才能为接下来的图像处理特征提取打下基础。目前，虹膜图像的获取主要是利用设备自带的镜片将虹膜图像传递给图像传感器，利用光信号与电信号的转换完成虹膜图像获取。

虹膜识别技术作为一项精准的测试技术，在它的发展历程中已经被人们应用到许多领域，给人类的生活带来更多的便利，正是在此背景下，虹膜识别的应用研究才会如此火热，未来主要在门禁系统、考勤系统、护照检测系统等方面应用较多。

一、门禁系统

虹膜识别门禁系统由虹膜图像采集器、虹膜处理器等部件组成，后台还有进行虹膜和人员权限管理的数据库服务器，以及前端使用的人员出入管理终端、电控锁、联动控制器、备用电源、门禁考勤管理软件和网络组成整套门禁系统。

虹膜识别门禁系统首先利用虹膜采集器进行测试者信息的采集，将所采集的虹膜进行数据分析，接下来将信息传递给存储器，然后与系统录入信息进行比较，若符合要求则通过门禁系统。门禁系统在人们生活中十分重要，基于虹膜识别技术的门禁系统将更加安全可靠地应用在宿舍楼、看守所、会议厅、办公室等区域，防范其他非相关者的进出。

二、考勤系统

如今人类生活中主要利用刷卡、人工登记的方式进行人员信息的记录，在门禁系统的基础上，结合机器双向认证操作即可进行考勤操作。出门进门时都对走动人群的虹膜进行登记，利用操作门禁系统判断是否人员到齐或者是否中途退出。

基于此系统，可利用自动控制的原理自动进行人员登记，对于逃课、会议不到等现象可很好地掌控管理，如果进行大量的应用，在各方面的考勤工作将会有极大的优势。

三、护照检测

虹膜识别首先利用出入境人员进行虹膜身份信息的登记，然后与护照记录信息进行比对，进而确定出入境人员的身份，切实做到实现个人身份信息的“人证合一”。虹膜识别技术准确、唯一、安全，能很好地对于机场出入境人员进行检测，提高了机场工作的效率，在一定程度上减少了安全隐患的发生概率。

四、其他应用

虹膜识别对公安领域有很大的帮助，利用虹膜识别手段进行身份证、指纹等识别方式的补充，从而使反恐维稳、群体性事件处置、涉访处置、刑事犯罪嫌疑人辨识、旅客盘查等众多公安业务更加高效的进行。但如今的虹膜识别技术还在发展，这项技术还没有广泛应用到人类的生产生活中，虹膜识别的发展趋势有多光谱、数据驱动、机器配合人、移动互联、复杂场景、标准规范 6 个层面。本书进行以下几项展望：身份证信息，如今身份证认证主要利用使用者的指纹信息，在未来的发展中，可逐渐利用虹膜识别来作为人类的身份识别手段，在身份证信息录入时同时录入虹膜信息，将虹膜信息组建国家数据库，在身份侦查鉴别过程中直接对数据库中的信息进行比对即可验证身份。付款系统，在身份证信息确认之后，可绑定银行卡业务，这样每个人的虹膜即可作为付款的密码，在付款时直接利用扫描虹膜进行付款。在乘坐公交时，利用虹膜技术，即可省去很多复杂的操作，而且如今密码形式的安全程度越来越低，这样在钱财的安全方面将会有很大的提升。车锁认证，在门禁系统的基础上，利用车辆自身嵌入的虹膜识别系统，将车辆使用者的信息与存储在数据库中的信息比对进行上锁、解锁等操作，这类应用可以减少车钥匙的使用，再加上车辆自身材料的升级，车辆安全问题可得到更大保障。

第二十二章

中国物联网未来的规划

第一节　中国移动物联网的发展

2020 年 5 月 7 日，工业和信息化部发布了《关于深入推进移动物联网全面发展的通知》（以下简称《通知》），这是工业和信息化部 2020 年在疫情后首个关于物联网的正式文件。《通知》中最关键的一句话是：“在保障存量物联网终端网络服务水平的同时，引导新增物联网终端不再使用 2G/3G 网络，推动存量 2G/3G 物联网业务向 NB-IoT/4G（Cat 1）/5G 网络迁移。”

众所周知，我们国家从 20 世纪 80 年代开始建设移动通信网络，经过 30 多年的高速发展，不断耕耘积累，目前拥有 2G、3G、4G、5G 等多种制式的网络，建成基站 841 万个（截至 2019 年年底），遥遥领先于其他国家。

这些移动通信网络，构建了移动互联网时代，给我们的工作和生活带来了极大的便利，也推动了社会和经济的发展。但为了维护 2G/3G 网络，运营商投入了不少的人力物力，还占用了宝贵的低频频段资源。在激烈的市场竞争下，运营商一方面要面对昂贵的 5G 网络建设开支；另一方面还要投入资金维护 2G/3G 网络，这就好像是带着镣铐跑步，无论如何也跑不快。

根据统计，截至 2019 年年底，国内 4G 用户总数达到 12.8 亿户，占移动电话用户总数的 80.1%。除了少量的新增 5G 用户之外，剩下的基本上是 2G/3G 用户。也就是说，2G/3G 用户大约有 3 亿多户。

站在物联网的角度，截至 2020 年 3 月底，国内移动物联网连接数已达到 10.78 亿，然而其中大部分都是基于 2G 网络的连接。更何况，因为运营商 4G LTE 网络覆盖仍然存在一些不足，导致 VoLTE 尚未全面普及。如果没有 2G/3G，很多 4G/5G 用户打电话都存在问题。

我们知道，除了 2G/3G 之外，我们目前主流使用的网络是 4G LTE 网络，正在大力建设的是 5G 网络。蜂窝物联网方面，可选项包括：由 LTE“精简改造”开发出的 NB-IoT、eMTC，完全基于 LTE 的 Cat 1，面向 eMBB 和 uRLLC 场景的 5G，以及私有标准的 LoRa 和 SigFox。

《通知》明确指出：“推动存量 2G/3G 物联网业务向 NB-IoT/4G（Cat 1）/5G 网络迁移”。也就是说，NB-IoT、4G（Cat 1）、5G，是国家认可的未来重点发展方向。

NB-IoT 大家应该都很熟悉了。作为低速率物联网的主流标准，同时也是 3GPP 组织的“亲儿子”，NB-IoT 自诞生之日起，就一直被行业寄予厚望。不仅运营商给予大力支持，包括华为和高通在内的设备商、芯片商也一致力推其上位。

《通知》里也提到：“推动 NB-IoT 标准纳入 ITU IMT-2020 5G 标准”。5G 三大应用场景中的 mMTC 场景，短期内不会提出新的技术标准，而是将 NB-IoT 直接升格，成为 5G mMTC 的事实标准。换句话说，NB-IoT 就是 5G 下的物联网（图 22−1）。

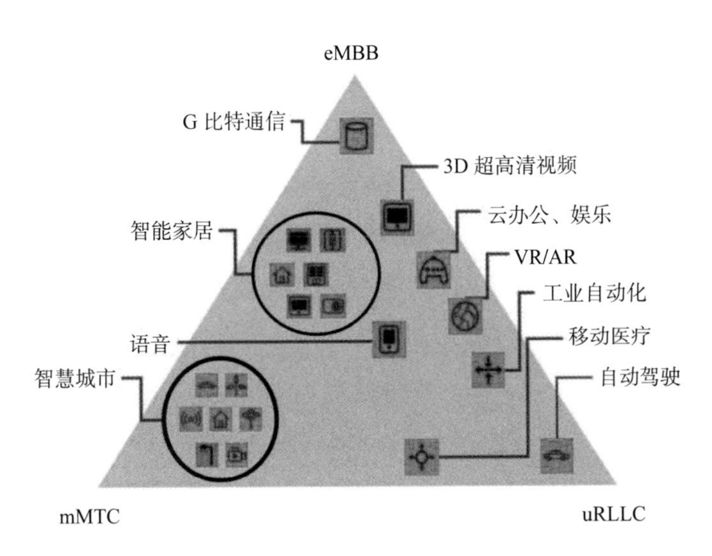

图 22-1　5G 三大应用场景

第二节　NB-IoT 是 5G 下的物联网

NB-IoT 的应用领域主要是智能表计、智慧消防等行业。在目前的智能气表存量市场中，NB-IoT 表占比达 80%。在智能水表中，NB-IoT 表占比达 60%。目前，国内 NB-IoT 的连接数已经超过 1 亿，但这个看似庞大的规模并没有实现行业的预期。其中的原因是多方面的，包括网络覆盖的不足。

为了加强 NB-IoT 的网络覆盖质量，《通知》明确提出，“进一步加大 NB-IoT 网络部署力度，按需新增建设 NB-IoT 基站，县级及以上城区实现普遍覆盖，面向室内、交通路网、地下管网、现代农业示范区等应用场景实现深度覆盖。”

截至 2019 年年底，我国已建成 NB-IoT 基站超过 70 万个。按《通知》的说法，NB-IoT 不会进行大规模建设，不会搞无缝覆盖，而是会以需求为导向，更加注重重点区域的针对性覆盖。

值得一提的是，NB-IoT 在芯片模组产业链方面具有很大的优势。以模组行业龙头移远通信为例，其在 2015 年就开始投入 NB-IoT 技术的研发，拥有完整的模组产品线，在市场上占据了绝对优势。据估测，移远通信 NB-IoT 模组出货量应该已经超过了 3000 万片。

第三节 5G 应用场景规划

Cat 1 毫无疑问是物联网领域杀出的一匹黑马。在很短的时间内，Cat 1 异军突起，成为整个行业的新宠，主要在于其自身的成本优势。在网络方面，Cat 1 可以无缝接入现有的 LTE 网络，基站无须进行软硬件升级。也就是说，在享有良好网络覆盖的基础上，又没有增加覆盖成本。在芯片模组成本方面，Cat 1 的集成度更高，硬件架构更简单，同样带来成本优势。

此外，Cat 1 还拥有毫秒级传输时延，以及支持 100 km/h 以上的移动速度。

最后是 5G，也就是现在正在建设的面向 eMBB 和 uRLLC 场景的 5G。这是面向高速率、极低时延、极高可靠性场景的，主要应用于智能制造、工业机器人、车联网等领域。

国内整个蜂窝物联网的发展路线已经非常清晰了，就是 NB-IoT 针对低速率，Cat 1 针对中低速率 + 语音，5G 针对高速率 + 低延时 + 高可靠性。各项技术标准协同发展，组成未来 5 ~ 10 年的国内移动物联网架构体系。

虽然《通知》并没有给出具体执行细则和考核指标要求，但作为工业和信息化部的正式发文，这份《通知》代表了国家对物联网产业发展的政策导向和战略规划。对于运营商建网及产业链发展具有非常明确的指导意义。相信不久之后，地方政府、运营商及产业界就会做出响应，拿出具体的实施举措和路线图。

随着国家新基建战略的加速推进，国内 5G 网络建设的步伐也明显加快，物联网等产业迎来了重大的发展机遇。按照目前的发展速度，2020 年国内的物联网终端数将达到 12 亿。芯片、模组、终端、网络及应用，都在快马加鞭，紧密布局。

移动物联网，即将进入一个爆炸式的发展阶段！

本篇小结

智联网的到来为我们提供了无限的想象!

今后可能没有批量的工业产品，有的是根据个人喜好而定制的产品，通过网络下达订单给车间，由3D打印完成；今后的农业生产机械是自动驾驶的，根据北斗导航和生产计划自动完成；人们的日常生活由被称为“电子管家”的系统负责，给人们当保镖、保姆和保健医，使人们摆脱日常杂事烦恼；发展中的机器人除了在工厂代替工人之外，也能做成微小颗粒，深入人体完成目前不可能的手术；智慧城市建设在规划之初就用到孪生技术，把建好后的效果呈现在人们面前，不断完善和修改，使城市建设不再是“遗憾工程”。

本篇是物联网展望篇，在重点领域和重点技术方面进行了介绍，以期能够引导读者根据实际需求、根据想象、根据商业模式提供更多的应用场景，为技术研发、为产品设计提供更多的素材，让未来的生活更美好!

参考文献

[1] “三论”应用课题研究组．系统论、控制论、信息论在经济管理中的应用[M]. 沈阳：辽宁科学技术出版社，1987.

[2] 艾小缤．大数据引领产业变革[J]. 新经济，2016（19）：46–48.

[3] 柴变芳，贾彩燕，于剑．基于统计推理的社区发现模型综述[J]. 计算机科学，2012，39(8)：1–7.

[4] 陈国鹏．“互联网＋交通”视角下缓解城市交通拥堵的私家车共享模式研究[J]. 城市发展研究，2016（2）：105–109.

[5] 陈前斌，李国军，李国权，等．应急指挥物联网系统架构与关键技术[J]. 物联网学报，2018，2（3）：82–90.

[6] 陈雅丽．国外社区服务相关研究综述[J]. 云南行政学院学报，2007，9（4）：173–176.

[7] 陈永波，刘建业，陈继军．智慧能源物联网应用研究与分析[J]. 中兴通讯技术，2017，23（1）：37–42.

[8] 崔建华．物联网技术在消防安全工作中的应用探析[J]. 网络安全技术与应用，2020（5）：133–134.

[9] 丁丁．基于大数据的风电设备远程故障监测与诊断系统探究[J]. 探索科学，2019（8）：225–226.

[10] 窦泽秀．社区行政：社区发展的公共行政学视点[M]. 济南：山东人民出版社，2003.

[11] 封顺天，张东，张舒，等．数字孪生城市开启城市数字化转型新篇章[J]. 信息通信技术与政策，2020（3）：9–15.

[12] 冯俊，张运来．服务管理学[M]. 北京：科学出版社，2010.

[13] 傅祖云．信息论：基础理论与应用[M]. 北京：电子工业出版社，2001.

[14] 工业和信息化部办公厅．关于深入推进移动物联网全面发展的通知 [EB/OL].（2020-04-03）[2020-06-25].http：//www.gov.cn/zhengce/zhengceku/2020-05/08/content_5509672.htm.

[15] 顾巧论，高铁杠，石连栓．基于博弈论的逆向供应链定价策略分析 [J]. 系统工程理论与实践，2005（3）：20-25.

[16] 顾巧论，季建华，高铁杠，等．有固定需求底线的逆向供应链定价策略研究 [J]. 计算机集成制造系统，2005，11（12）：1751-1757.

[17] 郭江仕．物联网技术在“智慧消防”建设中的运用 [J]. 智能城市，2020，6（6）：25-26.

[18] 韩红梅．流媒体技术 [J]. 教育艺术，2006（1）：50.

[19] 侯云章，戴更新，刘天亮，等．闭环供应链下的联合定价及利润分配策略研究 [J]. 物流技术，2004（6）：50-52.

[20] 胡道静，戚文．周易十讲 [M]. 上海：上海人民出版社，2003.

[21] 胡少鹏，郑淑鉴．共享汽车运营管理系统设计研究 [J]. 公路与汽运，2017（6）：30-33，52.

[22] 胡晓峰，吴玲达，等.多媒体技术教程 [M]. 北京：人民邮电出版社，2002.

[23] 蒋步健．共享租赁模式下的汽车供需匹配问题研究 [D]. 合肥：合肥工业大学，2017.

[24] 李国杰，程学旗．大数据研究：未来科技及经济社会发展的重大战略领域：大数据的研究现状与科学思考 [J]. 中国科学院院刊，2012，27（6）：647-657.

[25] 李屹．环保物联网技术应用研究综述 [J]. 中国电子科学研究院学报，2019，14（12）：1249-1252.

[26] 刘传忠．声纹识别及其在军事领域的应用研究 [J]. 数码世界，2018（2）：250-251.

[27] 刘弘胤，徐建明．浅析物联网 + 安防在智慧社区建设中的深度应用 [J]. 中国安防，2019（5）：65-71.

[28] 刘弘胤．AI 赋能下的声纹识别技术在公共安全领域的深度应用 [J]. 中国安防，2019（6）：60-64.

[29] 刘化君．物联网概论 [M]. 北京：高等教育出版社，2016.

[30] 刘金琨．智能控制[M]. 北京：电子工业出版社，2005.

[31] 刘鹏．走向军事网格时代[M]．北京：解放军出版社，2004.

[32] 陆芸，马钧．我国汽车共享发展趋势探讨[J]. 汽车实用技术，2016（2）：165-167.

[33] 孟华．论中小城市社区建设中的政府职能[J]. 泰山学院学报，2003，25（1）：104-107.

[34] 齐超．基于物联网的智慧交通系统建设研究[J]. 中国战略新兴产业，2019（34）：45-46.

[35] 前瞻产业研究院.2020—2025年全球及中国共享经济发展模式与典型案例分析报告[R]. 前瞻产业研究院，2017.

[36] 沈沉，陈颖，黄少伟，等．当智能电网遇到数字孪生[J]. 科技纵览，2019（11）：68-72.

[37] 石国飞．声纹识别技术在智能建筑中的应用[J]. 低碳世界，2017（2）：162-163.

[38] 潘越飞．王坚: 没有云的话，大数据就是个作坊[EB/OL]. (2013-05-14) [2020-06-25]. https//it.sohu.com/20130514/n375812456.shtml.

[39] 苏朝晖．服务的不可储存性对服务业营销的影响及对策研究[J]. 经济问题探索，2012(2): 19-23.

[40] 孙林岩，王蓓．逆向物流的研究现状和发展趋势[J]. 中国机械工程，2005，16（10）：928-934.

[41] 田景熙．物联网概论[M]. 南京：东南大学出版社，2010.

[42] 汪洋，敬晓岗，侯其立．基于物联网的消防设备管理系统设计[J]. 物联网技术，2019，9（11）：39-40，44.

[43] 王秀琼，韩淼．李克强的“大数据观”[EB/OL]. (2015-02-17) [2020-06-25].http：//www.xinhuanet.com/politics/2015-02/17/c_127506615.htm.

[44] 王重鸣．心理学研究方法[M]. 北京：人民教育出版社，1990.

[45] 维克托·迈尔-舍恩伯格，肯尼思·库克耶．大数据时代: 工作、生活和思维的大变革[M]. 盛杨燕，周涛，译．杭州：浙江人民出版社，2015.

[46] 文栋，雷健波．可穿戴设备在医疗健康领域的应用与问题综述[J]. 中国数字医学，2017，12（8）：26-28，115.

[47] 吴朝晖，吴晓波，姚明明．现代服务业商业模式创新：价值网络视角[M]. 北京：科学

出版社，2013.

[48] 吴乐南 . 数据压缩 [M]. 北京：电子工业出版社，2003.

[49] 吴施楠 . 美国 FDA 首次批准基因编辑技术 CRISPR 用于检测新冠病毒 [EB/OL].(2020−05−13) [2020−06−25].https：//www.sohu.com/a/394906032_104952.

[50] 夏杰长 . 新技术与现代服务业融合发展研究 [M]. 北京：经济管理出版社，2008.

[51] 夏磊，闫巍 . 我国安防行业发展现状与态势分析 [J]. 电信网技术，2018（3）：21−24.

[52] 夏远，程大章 . 智能建筑与信息论 [J] . 智能建筑与城市信息，2006.

[53] 鲜枣课堂 . 中国物联网的未来规划，终于清晰了！ [EB/OL].（2020−05−13）[2020−06−25].https：//blog.csdn.net/qq_38987057/article/details/106110454.

[54] 现代服务业领域总体专家组 .2014 现代服务业发展战略报告 [M]. 北京：科学出版社，2014.

[55] 谢金星，邢文训，王振波 . 网络优化 [M].2 版 . 北京：清华大学出版社，2009.

[56] 徐晓飞，王忠杰 . 服务工程与方法论 [M]. 北京：清华大学出版社，2011.

[57] 徐永祥 . 社区发展论 [M]. 南京：华东理工大学出版社，2000.

[58] 徐志军 . 物联网技术在安防领域的应用及发展：物联网技术在公安领域的应用分析 [J]. 中国安防，2012（11）：26−30.

[59] 杨林瑶，陈思远，王晓，等 . 数字孪生与平行系统：发展现状、对比及展望 [J]. 自动化学报，2019，45（11）：2001−2031.

[60] 杨敏 . 大数据向人类认知方式提出新挑战 [EB/OL].（2015−02−09）[2020−06−25].http：//www.cssn.cn/xspj/xspj_tpxw/201502/t20150209_1510131.shtml.

[61] 佚名 . 2015 年大数据的 8 个预测 [J]. 中小学信息技术教育，2015（3）：5.

[62] 殷赫 . 步态识别：人工智能“慧眼”[J]. 上海信息化，2019（11）：61−63.

[63] 于大鹏，曲晶 . 外军通信概论 [M]. 北京：国防工业出版社，2018.

[64] 于大鹏 . 多网融合技术适应性分析 [J]. 电气与智能建筑，2007（12）：42−45.

[65] 于大鹏 . 基于 FTTH 实现的智能化园区成本与性能分析报告 [J]. 智能建筑与城市信息，2006（4）：32−35.

[66] 于大鹏．全数字化智能小区建设方案[J]. 智能建筑与城市信息，2005（11）：48-51.

[67] 于大鹏．物联网社区服务集成方案和模式研究：智慧社区的建设与运营[M]. 北京：国防工业出版社，2015.

[68] 于大鹏．园区光纤网络综合布线系统的设计与实现[J]. 智能建筑与城市信息，2006（3）：23-25.

[69] 于大鹏．园区智能化建设存在的问题及对策[J]. 智能建筑与城市信息，2006（7）：106-110.

[70] 于晓明．虹膜识别及其应用分析[J]. 工业控制计算机，2019，32（4）：82-83，86.

[71] 俞国锋，周星．多媒体网络视频数字监控系统[J]. 建筑电气，2007，26（11）：53-60.

[72] 袁媛，邓宇．社区指标研究及规划运用综述[J]. 国际城市规划，2012，27（2）：35-40.

[73] 运筹学教材编写组．运筹学[M]. 北京：清华大学出版社，2001.

[74] 曾强银，王家亮，刘寒阳．逆向物流回收模式研究[J]. 南京审计学院学报，2005，2（1）：76-78.

[75] 曾晓立，陈志彬．声纹识别技术在金融领域应用的探究[J]. 金融科技时代，2019（5）：47-50.

[76] 张浩，刘永金．试论视频监控技术在公安工作中的应用[J]. 砖瓦世界，2019（16）：68.

[77] 张俊，程大章．智能建筑与控制论[J]．智能建筑与城市信息，2006（7）：83-88.

[78] 张琦伟．我国制造型企业逆向物流的回收渠道初探[J]. 经济师，2004（8）：155-157.

[79] 张青松，于大鹏．基于WebAccess的IBMS系统设计与实现[J]. 智能建筑与城市信息，2005（2）：38-40.

[80] 张润彤．服务科学概论[M]. 北京：清华大学出版社，2011.

[81] 张鑫．公安视频监控中的人脸识别技术研究与应用[J]. 中国安全防范技术与应用，2019（1）：23-25.

[82] 张星，张克雷，桑鸿庆，等．2019物联网安全年报[J]. 信息安全与通信保密，2020（1）：45-62.

[83] 张玉枝．转型中的社区发展：政府与社会分析视角[M]. 上海：上海社会科学院出版社，

2003.

[84] 郑全弟，张文，李成海，等．云计算在美军事领域的应用与展望[J]. 飞航导弹，2013（1）：53–56.

[85] 智能制造的十大技术[EB/OL].（2020–06–18）[2020–06–25].https：//zhuanlan.zhihu.com/p/69679979.

[86] 探寻大数据时代的工业变革之路：2015 中国工业大数据大会在京举办 [EB/OL].（2015–11–19）[2020–06–25]. https：//gongkong.ofweek.com/2015–11/ART–310045–8500–29029481_2.html.

[87] 中国信息通信研究院，中国移动信息安全管理与运行中心．物联网安全白皮书（2018）[R]. 北京：中国信息通信研究院，2018.

[88] 中国信息通信研究院．物联网白皮书（2018）[R]. 北京：中国信息通信研究院，2018.

[89] 中华人民共和国公安部第 105 号令《道路交通安全违法行为处理程序规定》[EB/OL].（2015–12–20）[2020–06–25]. http：//www.gov.cn/gongbao/content/2009/content_1310691.htm.

[90] 中华人民共和国国家质量监督检验检疫总局，中国国家标准化管理委员会．电动汽车远程服务与管理系统技术规范：GB/T 32960.1–2016[S].2016.

[91] 大数据究竟是什么？一篇文章让你认识并读懂大数据[EB/OL].（2013–11–04）[2020–06–25].http：//www.199it.com/archives/167397.html.

[92] 周陈霞，徐万和．纳米机器人的发展和趋势及其生物医学应用[J]. 机械，2011，38（4）：1–5.

[93] 朱晓荣，齐丽娜，孙君，等．物联网与泛在通信技[M]．北京：人民邮电出版社，2010.

[94] LEONG H U，MOURATIDIS K，MAMOULIS N. Continuous spatial assignment of moving users[J]. VLDB，2010（19）：141–160.

[95] LEONG H U，MOURATIDIS K，YIU M L，et al. Optimal matching between spatial datasets under capacity constraints[J]. ACM Transactions on Database

Systems, 2010, 32 (2) : 9.1–9.44

[96] WONG C W, TAO Y F, ADA F, et al. On efficient spatial matching[J]. VLDB, 2007 (7) : 579–590.

[97] CHENG L, WONG C W, PHILIP S Y, et al. On optimal worst-case matching[J]. ACM, 2013 (13) : 845–856.

[98] RAVINDRA K G, SULTAN A-J, LAURA E M, et al. HIV-1 remission following CCR5Δ32/Δ32 haematopoietic stem-cell transplantation[J] Nature, 2019, 568: 244–248.

[99] SAVASKAN RC, BHATTACHARYA S, VAN WASSENHOVE LN. Closed-loop supply chain models with product remanufacturing[J]. Management science, 2004, 50 (2) : 239–252.

[100] SAATY T L. Decision making with the analytic hierarchy process[J].Services sciences, 2008, 1 (1) : 83–98.

[101] GUIDE VDR, HARRISON TP, VAN WASSENHOVE LN. Matching demand and supply to maximize profit from remanufacturing[J]. Manufacturing & service operations mangement, 2003, 5 (4) : 303–316.